教育部高等学校电子信息类专业教学指导委员会规划教材

高等学校电子信息类专业系列教材

The Principle and Application of

Single Chip Microcomputer

单片机原理与实践

基于STC89C52与Proteus的嵌入式开发技术

刘大铭 白娜 车进 陈潮红 蔺金元 孟一飞 编著

U0341578

清华大学出版社

北京

内 容 简 介

本书选用 STC89C52 单片机，全面介绍了 MCS-51 单片机的理论知识和利用软件仿真开发工具 Proteus 进行单片机应用开发的方法。全书共 7 章。第 1~4 章以单片机基本原理、体系结构、C51 语言程序设计、单片机接口技术等内容为主，配合典型、实用的设计实例，帮助有 C 语言基础的学生快速入门，掌握基本的理论知识。第 5~7 章介绍单片机综合应用设计和嵌入式系统开发。第 5 章紧密结合日常实验教学和单片机课程设计，给出了 LED 数码管、键盘接口、A/D 和 D/A 转换器、液晶显示器接口、温度传感器、温湿度传感器、步进电机控制 8 个典型的单片机外设设计实例；第 6 章介绍了 MODBUS 协议与应用；第 7 章介绍了基于 Arduino 的系统开发方法。本书着眼于培养学生应用理论知识解决基本工程问题的能力和良好的工程素养，对 MCS-51 单片机理论知识做了精简，从典型、实用的设计实例出发剖析难点，注重原理和应用相结合，有助于学生自学和迅速提高能力，引发学生对该领域的学习兴趣。

本书可作为高等院校工科类各专业单片机原理及应用课程的教材，也可供单片机应用开发人员自学参考。

本书封面贴有清华大学出版社防伪标签，无标签者不得销售。
版权所有，侵权必究。举报：010-62782989，beiqinquan@tup.tsinghua.edu.cn。

图书在版编目（CIP）数据

单片机原理与实践：基于 STC89C52 与 Proteus 的嵌入式开发技术/刘大铭等编著. —北京：清华大学出版社，2018（2021.1重印）
（高等学校电子信息类专业系列教材）
ISBN 978-7-302-50408-5

Ⅰ．①单… Ⅱ．①刘… Ⅲ．①单片微型计算机—高等学校—教材 Ⅳ．①TP368.1

中国版本图书馆 CIP 数据核字（2018）第 123724 号

责任编辑：曾 珊 战晓雷
封面设计：李召霞
责任校对：李建庄
责任印制：吴佳雯

出版发行：清华大学出版社
网　　址：http://www.tup.com.cn，http://www.wqbook.com
地　　址：北京清华大学学研大厦 A 座　　　　邮　　编：100084
社 总 机：010-62770175　　　　　　　　　　邮　　购：010-83470235
投稿与读者服务：010-62776969，c-service@tup.tsinghua.edu.cn
质量反馈：010-62772015，zhiliang@tup.tsinghua.edu.cn
课件下载：http://www.tup.com.cn，010-83470236
印 装 者：北京国马印刷厂
经　　销：全国新华书店
开　　本：185mm×260mm　　　　印　　张：13.5　　　　字　　数：330 千字
版　　次：2018 年 10 月第 1 版　　　　　　　　印　　次：2021 年 1 月第 4 次印刷
定　　价：39.00 元

产品编号：076736-01

高等学校电子信息类专业系列教材

序
FOREWORD

我国电子信息产业销售收入总规模在 2013 年已经突破 12 万亿元,行业收入占工业总体比重已经超过 9%。电子信息产业在工业经济中的支撑作用凸显,更加促进了信息化和工业化的高层次深度融合。随着移动互联网、云计算、物联网、大数据和石墨烯等新兴产业的爆发式增长,电子信息产业的发展呈现了新的特点,电子信息产业的人才培养面临着新的挑战。

(1)随着控制、通信、人机交互和网络互联等新兴电子信息技术的不断发展,传统工业设备融合了大量最新的电子信息技术,它们一起构成了庞大而复杂的系统,派生出大量新兴的电子信息技术应用需求。这些"系统级"的应用需求,迫切要求具有系统级设计能力的电子信息技术人才。

(2)电子信息系统设备的功能越来越复杂,系统的集成度越来越高。因此,要求未来的设计者应该具备更扎实的理论基础知识和更宽广的专业视野。未来电子信息系统的设计越来越要求软件和硬件的协同规划、协同设计和协同调试。

(3)新兴电子信息技术的发展依赖于半导体产业的不断推动,半导体厂商为设计者提供了越来越丰富的生态资源,系统集成厂商的全方位配合又加速了这种生态资源的进一步完善。半导体厂商和系统集成厂商所建立的这种生态系统,为未来的设计者提供了更加便捷却又必须依赖的设计资源。

教育部 2012 年颁布了新版《高等学校本科专业目录》,将电子信息类专业进行了整合,为各高校建立系统化的人才培养体系,培养具有扎实理论基础和宽广专业技能的、兼顾"基础"和"系统"的高层次电子信息人才给出了指引。

传统的电子信息学科专业课程体系呈现"自底向上"的特点,这种课程体系偏重对底层元器件的分析与设计,较少涉及系统级的集成与设计。近年来,国内很多高校对电子信息类专业课程体系进行了大力度的改革,这些改革顺应时代潮流,从系统集成的角度,更加科学合理地构建了课程体系。

为了进一步提高普通高校电子信息类专业教育与教学质量,贯彻落实《国家中长期教育改革和发展规划纲要(2010—2020 年)》和《教育部关于全面提高高等教育质量若干意见》(教高〔2012〕4 号)的精神,教育部高等学校电子信息类专业教学指导委员会开展了"高等学校电子信息类专业课程体系"的立项研究工作,并于 2014 年 5 月启动了《高等学校电子信息类专业系列教材》(教育部高等学校电子信息类专业教学指导委员会规划教材)的建设工作。其目的是推进高等教育内涵式发展,提高教学水平,满足高等学校对电子信息类专业人才培养、教学改革与课程改革的需要。

本系列教材定位于高等学校电子信息类专业的专业课程,适用于电子信息类的电子信息工程、电子科学与技术、通信工程、微电子科学与工程、光电信息科学与工程、信息工程及其相近专业。经过编审委员会与众多高校多次沟通,初步拟定分批次(2014—2017 年)建设约 100 门课程教材。本系列教材将力求在保证基础的前提下,突出技术的先进性和科学的前沿性,体现创新教学和工程实践教学;将重视系统集成思想在教学中的体现,鼓励推陈出新,采用"自顶向下"的方法编写教材;将注重反映优秀的教学改革成果,推广优秀的教学经验与理念。

为了保证本系列教材的科学性、系统性及编写质量,本系列教材设立顾问委员会及编审委员会。顾问委员会由教指委高级顾问、特约高级顾问和国家级教学名师担任,编审委员会由教育部高等学校电子信息类专业教学指导委员会委员和一线教学名师组成。同时,清华大学出版社为本系列教材配置优秀的编辑团队,力求高水准出版。本系列教材的建设,不仅有众多高校教师参与,也有大量知名的电子信息类企业支持。在此,谨向参与本系列教材策划、组织、编写与出版的广大教师、企业代表及出版人员致以诚挚的感谢,并殷切希望本系列教材在我国高等学校电子信息类专业人才培养与课程体系建设中发挥切实的作用。

吕志伟 教授

前言

PREFACE

随着计算机技术以及物联网的广泛应用,单片机在各领域的应用也随之扩大,基于51设计理念的单片机仍然占据着很大的市场,并且不断在翻新。如今单片机的应用已渗透到工业自动化、测控、家用电器、航空航天、卫星遥感等各个领域,因而高等院校工科类各专业普遍开设了单片机原理及应用课程。

2016年宁夏回族自治区"十三五"重点专业电气信息类重点建设专业群子项目——电气信息类工程应用型特色系列教材建设已正式启动,本书作为教材建设项目中的重点教材之一,以双一流建设为目标,加快追赶全国高等教育发展步伐,开展一流科研创新,传承和创新一流文化,转化一流成果,为加快开放、富裕、和谐、美丽宁夏建设做出贡献。

编者摒弃了以往同类单片机教材对MCS-51单片机理论知识的烦琐描述,对难以理解的知识点,从典型性、实用性的设计实例出发进行讲解,注重原理和应用相结合,有助于学生自学和迅速提高,激发学生对单片机这一领域的学习兴趣。

本书共7章。前4章以单片机基本原理、体系结构、C51语言程序设计、单片机接口技术等内容为主,依托教学大纲,跳过传统的汇编语言,配合典型性、实用性的设计实例,帮助具有C语言基础的学生快速入门,加深对理论知识的理解。后3章以单片机综合应用设计、嵌入式系统开发为实践拓展。其中,第5章紧密结合日常实验教学和单片机课程设计,内容涉及LED数码管、键盘接口、A/D和D/A转换器、LCD液晶显示器接口、温度传感器、温湿度传感器、步进电机等典型的单片机外设,能够极大地激发学生的学习兴趣,帮助学生进一步提高单片机应用设计的能力;第6、7章涉及的嵌入式系统开发实践内容主要来自研究生课程、本科毕业设计、宁夏大学大学生创新项目以及一线教师的项目成果,内容涉及MODBUS协议与应用、基于Arduino的系统开发,着眼于学生对理论知识的应用能力和对基本工程问题的解决能力,致力于培养学生良好的工程素养。

本书第1~4章由白娜编写,第5章5.1~5.4节由蔺金元编写、5.1、5.7节由车进编写,5.6、5.8节由陈潮红编写,第6章由刘大铭编写,第7章由孟一飞编写。全书由刘大铭统稿。

本书是宁夏回族自治区"十三五"电气信息类重点专业群建设的研究成果之一,并得到了该项目的资助;同时也是宁夏大学西部一流专业计划"电子信息工程(卓越工程师方向)"建设的成果之一,并得到了该项目的资助。

在本书的编写过程中,编者参考了大量的教材和参考文献,在此谨向有关作者致以衷心的谢意。

　　由于编者水平有限,书中的疏漏之处在所难免,敬请读者指正。诚挚地希望得到读者使用本书的宝贵意见与建议。编者的 E-mail：nxldm@126.com。

编　者
2018 年 8 月

目 录

CONTENTS

第1章 绪论 ……………………………………………………………………………… 1

1.1 单片机简介 …………………………………………………………………… 1

1.1.1 单片机含义 …………………………………………………………… 1

1.1.2 单片机的发展历史 …………………………………………………… 1

1.1.3 单片机的特点与应用 ………………………………………………… 2

1.1.4 单片机的发展趋势 …………………………………………………… 4

1.2 数字电路逻辑基础 …………………………………………………………… 6

1.2.1 数制 …………………………………………………………………… 6

1.2.2 码制 …………………………………………………………………… 7

本章小结 …………………………………………………………………………… 9

思考题 ……………………………………………………………………………… 9

第2章 MCS-51单片机体系结构 ……………………………………………………… 10

2.1 MCS-51单片机的内部结构 ………………………………………………… 10

2.2 MCS-51单片机的外部引脚及功能 ………………………………………… 11

2.2.1 电源及时钟引脚 ……………………………………………………… 11

2.2.2 控制引脚 ……………………………………………………………… 12

2.2.3 并行I/O引脚 ………………………………………………………… 13

2.2.4 三总线结构 …………………………………………………………… 15

2.3 MCS-51单片机的中央处理器 ……………………………………………… 16

2.3.1 运算器 ………………………………………………………………… 16

2.3.2 控制器 ………………………………………………………………… 18

2.4 MCS-51单片机存储器的结构 ……………………………………………… 18

2.4.1 MCS-51单片机程序存储器 ………………………………………… 18

2.4.2 MCS-51单片机数据存储器 ………………………………………… 19

2.4.3 MCS-51单片机特殊功能寄存器 …………………………………… 20

2.5 MCS-51单片机的时钟与时序 ……………………………………………… 22

2.5.1 MCS-51单片机的时钟电路 ………………………………………… 23

2.5.2 MCS-51单片机的时序 ……………………………………………… 23

2.6 MCS-51单片机的复位 ……………………………………………………… 24

2.6.1 MCS-51单片机的复位电路 ………………………………………… 25

2.6.2 MCS-51单片机的复位状态 ………………………………………… 26

2.7 MCS-51单片机的低功耗节电模式 ………………………………………… 27

本章小结 …………………………………………………………………………… 28

思考题 ……………………………………………………………………………… 28

第3章　C51 程序设计基础 ⋯⋯⋯⋯⋯⋯⋯⋯⋯⋯⋯⋯⋯⋯⋯⋯⋯⋯⋯⋯⋯ 29

　3.1　C51 程序设计基础 ⋯⋯⋯⋯⋯⋯⋯⋯⋯⋯⋯⋯⋯⋯⋯⋯⋯⋯⋯⋯⋯⋯ 29

　　3.1.1　C51 的数据类型与存储类型 ⋯⋯⋯⋯⋯⋯⋯⋯⋯⋯⋯⋯⋯⋯ 29

　　3.1.2　C51 的特殊功能寄存器及位变量定义 ⋯⋯⋯⋯⋯⋯⋯⋯⋯ 33

　　3.1.3　C51 的绝对地址访问 ⋯⋯⋯⋯⋯⋯⋯⋯⋯⋯⋯⋯⋯⋯⋯⋯ 36

　　3.1.4　C51 的基本运算 ⋯⋯⋯⋯⋯⋯⋯⋯⋯⋯⋯⋯⋯⋯⋯⋯⋯⋯ 37

　　3.1.5　C51 的分支与循环程序结构 ⋯⋯⋯⋯⋯⋯⋯⋯⋯⋯⋯⋯⋯ 39

　　3.1.6　C51 的数组 ⋯⋯⋯⋯⋯⋯⋯⋯⋯⋯⋯⋯⋯⋯⋯⋯⋯⋯⋯⋯ 45

　　3.1.7　C51 的指针 ⋯⋯⋯⋯⋯⋯⋯⋯⋯⋯⋯⋯⋯⋯⋯⋯⋯⋯⋯⋯ 47

　3.2　C51 的函数 ⋯⋯⋯⋯⋯⋯⋯⋯⋯⋯⋯⋯⋯⋯⋯⋯⋯⋯⋯⋯⋯⋯⋯ 48

　　3.2.1　函数的分类 ⋯⋯⋯⋯⋯⋯⋯⋯⋯⋯⋯⋯⋯⋯⋯⋯⋯⋯⋯⋯ 48

　　3.2.2　函数的参数与返回值 ⋯⋯⋯⋯⋯⋯⋯⋯⋯⋯⋯⋯⋯⋯⋯⋯ 50

　　3.2.3　函数的调用 ⋯⋯⋯⋯⋯⋯⋯⋯⋯⋯⋯⋯⋯⋯⋯⋯⋯⋯⋯⋯ 50

　　3.2.4　中断服务函数 ⋯⋯⋯⋯⋯⋯⋯⋯⋯⋯⋯⋯⋯⋯⋯⋯⋯⋯⋯ 51

　　3.2.5　变量及存储方式 ⋯⋯⋯⋯⋯⋯⋯⋯⋯⋯⋯⋯⋯⋯⋯⋯⋯⋯ 52

　　3.2.6　宏定义与文件包含 ⋯⋯⋯⋯⋯⋯⋯⋯⋯⋯⋯⋯⋯⋯⋯⋯⋯ 52

　　3.2.7　库函数 ⋯⋯⋯⋯⋯⋯⋯⋯⋯⋯⋯⋯⋯⋯⋯⋯⋯⋯⋯⋯⋯⋯ 53

　3.3　C51 的开发工具 ⋯⋯⋯⋯⋯⋯⋯⋯⋯⋯⋯⋯⋯⋯⋯⋯⋯⋯⋯⋯⋯ 54

　　3.3.1　集成开发环境 Keil μVision4 简介 ⋯⋯⋯⋯⋯⋯⋯⋯⋯⋯ 54

　　3.3.2　Keil μVision4 软件的安装、启动和应用程序设计 ⋯⋯⋯ 54

　3.4　软件仿真开发工具 Proteus ⋯⋯⋯⋯⋯⋯⋯⋯⋯⋯⋯⋯⋯⋯⋯⋯ 58

　　3.4.1　Proteus 简介 ⋯⋯⋯⋯⋯⋯⋯⋯⋯⋯⋯⋯⋯⋯⋯⋯⋯⋯⋯ 59

　　3.4.2　Proteus 与 Keil μVision4 的联合仿真 ⋯⋯⋯⋯⋯⋯⋯⋯ 59

　　3.4.3　Proteus 与 Keil μVision4 的联合调试 ⋯⋯⋯⋯⋯⋯⋯⋯ 62

　本章小结 ⋯⋯⋯⋯⋯⋯⋯⋯⋯⋯⋯⋯⋯⋯⋯⋯⋯⋯⋯⋯⋯⋯⋯⋯⋯⋯ 63

　思考题 ⋯⋯⋯⋯⋯⋯⋯⋯⋯⋯⋯⋯⋯⋯⋯⋯⋯⋯⋯⋯⋯⋯⋯⋯⋯⋯⋯ 63

第4章　MCS-51 单片机接口技术 ⋯⋯⋯⋯⋯⋯⋯⋯⋯⋯⋯⋯⋯⋯⋯⋯ 64

　4.1　MCS-51 单片机的中断系统 ⋯⋯⋯⋯⋯⋯⋯⋯⋯⋯⋯⋯⋯⋯⋯⋯ 64

　　4.1.1　中断系统概述 ⋯⋯⋯⋯⋯⋯⋯⋯⋯⋯⋯⋯⋯⋯⋯⋯⋯⋯⋯ 64

　　4.1.2　中断系统结构 ⋯⋯⋯⋯⋯⋯⋯⋯⋯⋯⋯⋯⋯⋯⋯⋯⋯⋯⋯ 65

　　4.1.3　中断处理过程 ⋯⋯⋯⋯⋯⋯⋯⋯⋯⋯⋯⋯⋯⋯⋯⋯⋯⋯⋯ 68

　　4.1.4　中断程序的设计 ⋯⋯⋯⋯⋯⋯⋯⋯⋯⋯⋯⋯⋯⋯⋯⋯⋯⋯ 72

　4.2　MCS-51 单片机的定时/计数器 ⋯⋯⋯⋯⋯⋯⋯⋯⋯⋯⋯⋯⋯⋯ 77

　　4.2.1　定时/计数器的组成 ⋯⋯⋯⋯⋯⋯⋯⋯⋯⋯⋯⋯⋯⋯⋯⋯⋯ 78

　　4.2.2　定时/计数器的 4 种工作模式 ⋯⋯⋯⋯⋯⋯⋯⋯⋯⋯⋯⋯ 80

　　4.2.3　定时/计数器的编程和应用 ⋯⋯⋯⋯⋯⋯⋯⋯⋯⋯⋯⋯⋯⋯ 82

　4.3　MCS-51 单片机的串行通信 ⋯⋯⋯⋯⋯⋯⋯⋯⋯⋯⋯⋯⋯⋯⋯⋯ 89

　　4.3.1　串行通信概述 ⋯⋯⋯⋯⋯⋯⋯⋯⋯⋯⋯⋯⋯⋯⋯⋯⋯⋯⋯ 89

　　4.3.2　MCS-51 系列单片机的串行口 ⋯⋯⋯⋯⋯⋯⋯⋯⋯⋯⋯⋯ 91

　　4.3.3　串行口的 4 种工作方式 ⋯⋯⋯⋯⋯⋯⋯⋯⋯⋯⋯⋯⋯⋯⋯ 94

　　4.3.4　串行口波特率的计算 ⋯⋯⋯⋯⋯⋯⋯⋯⋯⋯⋯⋯⋯⋯⋯⋯ 95

　　4.3.5　串行通信的编程与应用 ⋯⋯⋯⋯⋯⋯⋯⋯⋯⋯⋯⋯⋯⋯⋯ 97

　本章小结 ⋯⋯⋯⋯⋯⋯⋯⋯⋯⋯⋯⋯⋯⋯⋯⋯⋯⋯⋯⋯⋯⋯⋯⋯⋯ 108

　　　思考题 ⋯⋯⋯⋯⋯⋯⋯⋯⋯⋯⋯⋯⋯⋯⋯⋯⋯⋯⋯⋯⋯⋯⋯⋯⋯⋯⋯⋯⋯⋯⋯⋯⋯⋯⋯⋯ 108

第 5 章　MCS-51 单片机综合应用设计 ⋯⋯⋯⋯⋯⋯⋯⋯⋯⋯⋯⋯⋯⋯⋯⋯⋯⋯⋯⋯⋯⋯ 109

　5.1　LED 数码管显示 ⋯⋯⋯⋯⋯⋯⋯⋯⋯⋯⋯⋯⋯⋯⋯⋯⋯⋯⋯⋯⋯⋯⋯⋯⋯⋯⋯⋯⋯ 109

　　5.1.1　LED 数码管的工作原理 ⋯⋯⋯⋯⋯⋯⋯⋯⋯⋯⋯⋯⋯⋯⋯⋯⋯⋯⋯⋯⋯⋯⋯ 109

　　5.1.2　LED 数码管显示设计举例 ⋯⋯⋯⋯⋯⋯⋯⋯⋯⋯⋯⋯⋯⋯⋯⋯⋯⋯⋯⋯⋯ 112

　5.2　单片机键盘接口技术 ⋯⋯⋯⋯⋯⋯⋯⋯⋯⋯⋯⋯⋯⋯⋯⋯⋯⋯⋯⋯⋯⋯⋯⋯⋯⋯ 118

　　5.2.1　独立键盘和矩阵键盘 ⋯⋯⋯⋯⋯⋯⋯⋯⋯⋯⋯⋯⋯⋯⋯⋯⋯⋯⋯⋯⋯⋯⋯ 118

　　5.2.2　键盘接口设计举例 ⋯⋯⋯⋯⋯⋯⋯⋯⋯⋯⋯⋯⋯⋯⋯⋯⋯⋯⋯⋯⋯⋯⋯⋯ 120

　5.3　D/A 转换接口技术 ⋯⋯⋯⋯⋯⋯⋯⋯⋯⋯⋯⋯⋯⋯⋯⋯⋯⋯⋯⋯⋯⋯⋯⋯⋯⋯ 125

　　5.3.1　D/A 转换器简介 ⋯⋯⋯⋯⋯⋯⋯⋯⋯⋯⋯⋯⋯⋯⋯⋯⋯⋯⋯⋯⋯⋯⋯⋯⋯ 125

　　5.3.2　单片机与 8 位 D/A 转换器 DAC0832 的接口设计举例 ⋯⋯⋯⋯⋯⋯⋯ 126

　5.4　A/D 转换接口技术 ⋯⋯⋯⋯⋯⋯⋯⋯⋯⋯⋯⋯⋯⋯⋯⋯⋯⋯⋯⋯⋯⋯⋯⋯⋯⋯ 129

　　5.4.1　A/D 转换器简介 ⋯⋯⋯⋯⋯⋯⋯⋯⋯⋯⋯⋯⋯⋯⋯⋯⋯⋯⋯⋯⋯⋯⋯⋯⋯ 129

　　5.4.2　单片机与并行 8 位 A/D 转换器 ADC0809 的接口设计举例 ⋯⋯⋯⋯⋯ 131

　5.5　单片机与液晶显示器的接口 ⋯⋯⋯⋯⋯⋯⋯⋯⋯⋯⋯⋯⋯⋯⋯⋯⋯⋯⋯⋯⋯⋯ 136

　　5.5.1　液晶显示器介绍 ⋯⋯⋯⋯⋯⋯⋯⋯⋯⋯⋯⋯⋯⋯⋯⋯⋯⋯⋯⋯⋯⋯⋯⋯⋯ 136

　　5.5.2　单片机与液晶显示器的设计举例 ⋯⋯⋯⋯⋯⋯⋯⋯⋯⋯⋯⋯⋯⋯⋯⋯⋯ 144

　5.6　温度传感器 DS18B20 ⋯⋯⋯⋯⋯⋯⋯⋯⋯⋯⋯⋯⋯⋯⋯⋯⋯⋯⋯⋯⋯⋯⋯⋯⋯ 151

　　5.6.1　DS18B20 简介 ⋯⋯⋯⋯⋯⋯⋯⋯⋯⋯⋯⋯⋯⋯⋯⋯⋯⋯⋯⋯⋯⋯⋯⋯⋯⋯ 151

　　5.6.2　DS18B20 温度测量程序设计举例 ⋯⋯⋯⋯⋯⋯⋯⋯⋯⋯⋯⋯⋯⋯⋯⋯⋯ 153

　5.7　温湿度传感器 DHT11 ⋯⋯⋯⋯⋯⋯⋯⋯⋯⋯⋯⋯⋯⋯⋯⋯⋯⋯⋯⋯⋯⋯⋯⋯⋯ 158

　　5.7.1　DHT11 简介 ⋯⋯⋯⋯⋯⋯⋯⋯⋯⋯⋯⋯⋯⋯⋯⋯⋯⋯⋯⋯⋯⋯⋯⋯⋯⋯⋯ 158

　　5.7.2　DHT11 室内温湿度测量程序设计举例 ⋯⋯⋯⋯⋯⋯⋯⋯⋯⋯⋯⋯⋯⋯ 160

　5.8　步进电机的控制 ⋯⋯⋯⋯⋯⋯⋯⋯⋯⋯⋯⋯⋯⋯⋯⋯⋯⋯⋯⋯⋯⋯⋯⋯⋯⋯⋯ 163

　　5.8.1　步进电机的基本概念及工作原理 ⋯⋯⋯⋯⋯⋯⋯⋯⋯⋯⋯⋯⋯⋯⋯⋯⋯ 164

　　5.8.2　用单片机实现四相步进电机的控制程序设计举例 ⋯⋯⋯⋯⋯⋯⋯⋯⋯ 165

　本章小结 ⋯⋯⋯⋯⋯⋯⋯⋯⋯⋯⋯⋯⋯⋯⋯⋯⋯⋯⋯⋯⋯⋯⋯⋯⋯⋯⋯⋯⋯⋯⋯⋯⋯ 167

　思考题 ⋯⋯⋯⋯⋯⋯⋯⋯⋯⋯⋯⋯⋯⋯⋯⋯⋯⋯⋯⋯⋯⋯⋯⋯⋯⋯⋯⋯⋯⋯⋯⋯⋯⋯⋯ 167

第 6 章　MODBUS 协议与应用 ⋯⋯⋯⋯⋯⋯⋯⋯⋯⋯⋯⋯⋯⋯⋯⋯⋯⋯⋯⋯⋯⋯⋯ 168

　6.1　MODBUS 协议简介 ⋯⋯⋯⋯⋯⋯⋯⋯⋯⋯⋯⋯⋯⋯⋯⋯⋯⋯⋯⋯⋯⋯⋯⋯⋯⋯ 168

　　6.1.1　MODBUS OSI 网络体系结构 ⋯⋯⋯⋯⋯⋯⋯⋯⋯⋯⋯⋯⋯⋯⋯⋯⋯⋯⋯ 168

　　6.1.2　MODBUS 协议描述 ⋯⋯⋯⋯⋯⋯⋯⋯⋯⋯⋯⋯⋯⋯⋯⋯⋯⋯⋯⋯⋯⋯⋯⋯ 169

　　6.1.3　服务器设备数据块 ⋯⋯⋯⋯⋯⋯⋯⋯⋯⋯⋯⋯⋯⋯⋯⋯⋯⋯⋯⋯⋯⋯⋯⋯ 170

　　6.1.4　功能码分类 ⋯⋯⋯⋯⋯⋯⋯⋯⋯⋯⋯⋯⋯⋯⋯⋯⋯⋯⋯⋯⋯⋯⋯⋯⋯⋯⋯ 171

　6.2　MODBUS RTU/ASCII 协议 ⋯⋯⋯⋯⋯⋯⋯⋯⋯⋯⋯⋯⋯⋯⋯⋯⋯⋯⋯⋯⋯⋯ 173

　　6.2.1　主站节点状态图 ⋯⋯⋯⋯⋯⋯⋯⋯⋯⋯⋯⋯⋯⋯⋯⋯⋯⋯⋯⋯⋯⋯⋯⋯⋯ 173

　　6.2.2　从站节点状态图 ⋯⋯⋯⋯⋯⋯⋯⋯⋯⋯⋯⋯⋯⋯⋯⋯⋯⋯⋯⋯⋯⋯⋯⋯⋯ 174

　　6.2.3　主站/从站通信时序图 ⋯⋯⋯⋯⋯⋯⋯⋯⋯⋯⋯⋯⋯⋯⋯⋯⋯⋯⋯⋯⋯⋯ 174

　　6.2.4　MODBUS RTU 协议 ⋯⋯⋯⋯⋯⋯⋯⋯⋯⋯⋯⋯⋯⋯⋯⋯⋯⋯⋯⋯⋯⋯⋯ 175

　　6.2.5　MODBUS ASCII 协议 ⋯⋯⋯⋯⋯⋯⋯⋯⋯⋯⋯⋯⋯⋯⋯⋯⋯⋯⋯⋯⋯⋯ 179

　6.3　MODBUS 应用 ⋯⋯⋯⋯⋯⋯⋯⋯⋯⋯⋯⋯⋯⋯⋯⋯⋯⋯⋯⋯⋯⋯⋯⋯⋯⋯⋯⋯ 181

　　6.3.1　MODBUS 相关功能码描述 ⋯⋯⋯⋯⋯⋯⋯⋯⋯⋯⋯⋯⋯⋯⋯⋯⋯⋯⋯⋯ 181

　　6.3.2　MODBUS 通信调试 ⋯⋯⋯⋯⋯⋯⋯⋯⋯⋯⋯⋯⋯⋯⋯⋯⋯⋯⋯⋯⋯⋯⋯⋯ 189

本章小结 ……………………………………………………………………………… 194

思考题 ……………………………………………………………………………… 195

第 7 章　基于 Arduino 的系统开发 ……………………………………………… 196

　7.1　Arduino 介绍 ………………………………………………………………… 196

　　7.1.1　简介 ……………………………………………………………………… 196

　　7.1.2　硬件资源 ………………………………………………………………… 196

　7.2　Arduino 开发环境 …………………………………………………………… 197

　　7.2.1　Arduino IDE 下载及安装 ……………………………………………… 197

　　7.2.2　Arduino IDE 操作基础 ………………………………………………… 198

　7.3　Arduino 程序基础知识 ……………………………………………………… 199

　　7.3.1　Arduino 程序的基本架构 ……………………………………………… 199

　　7.3.2　Arduino 程序的基本函数 ……………………………………………… 199

　7.4　应用实例 ……………………………………………………………………… 200

　　7.4.1　LED 闪烁实验 …………………………………………………………… 200

　　7.4.2　模拟量读取实验 ………………………………………………………… 201

本章小结 ……………………………………………………………………………… 202

思考题 ……………………………………………………………………………… 203

参考文献 …………………………………………………………………………… 204

## 第1章

绪　　论

单片微型计算机简称单片机,是微型计算机发展的一个重要分支,是计算机发展史上的一个重要里程碑,它开辟了嵌入式计算机这一新领域。20世纪70年代,随着第四代计算机的发展,单片机诞生了。单片机芯片体积小,价格低,可靠性高,容易开发,抗干扰能力强,发展迅速,以独特的结构和性能,广泛应用于国民经济建设的各个领域。

1.1　单片机简介

1.1.1　单片机含义

单片机是采用超大规模集成电路技术集成了CPU(Central Processing Unit,中央处理单元)、RAM(Random Access Memory,随机存取存储器)、ROM(Read-Only Memory,只读存储器)、并行I/O、串行I/O、定时器/计数器、中断系统、系统时钟电路及系统总线的小而完善的微型计算机。单片机的英文名称为Single Chip Microcomputer(SCM),直译为单片微型计算机。

单片机的设计理念被称为"嵌入式",因为其体积小,被嵌入在系统中。在使用单片机时,它类似于人类大脑一样处于整个系统的核心地位,控制整个系统的运作,所以通常把单片机称为微控制器(Micro Control Unit,MCU)或者嵌入式微控制器(Embedded Micro Controller Unit,EMCU)。

单片机的诞生标志着计算机正式形成了通用计算机系统和微型计算机系统两大分支。单片机已广泛应用于工业自动化控制、智能仪器仪表、智慧家电、汽车电子、儿童玩具、医疗仪器、航空航天等各个领域,成为现代生产生活不可或缺的组成元素。

1.1.2　单片机的发展历史

单片机的发展历史大致分为4个阶段。

1. 第一阶段(1974—1976年)

1976年美国Zilog公司为了满足工业需要,设计了体积小、价格低的Z80处理器,但是由于当时的工艺限制,Z80只能与RAM、ROM、I/O接口做在一块PCB板卡上,这并非集成芯片技术,只能称为单板机。具有代表性的单板机还有1974年12月仙童公司推出的8位F8系列单板机,实际上只包括了8位CPU、64B RAM和两个并行口。20世纪80年代,北京大学研发生产了基于 Z80 的 TP801 单板机。

2. 第二阶段（1976—1978 年）

1976 年美国 Intel 公司推出了 MCS-48 系列单片机（8 位单片机），现在它早已退出历史舞台。1977 年 GI 公司推出了 PIC1650。这个阶段的单片机仍然处于低性能阶段。

注意：单片机根据其基本操作处理的二进制位数分为 4 位单片机、8 位单片机、16 位单片机以及 32 位单片机。

3. 第三阶段（1978—1983 年）

这一阶段，Intel 公司的 8031 单片机因其结构简单可靠、性能良好而广受好评。随后 Intel 公司推出了 MCS-51 系列单片机，其中的基本型产品是 8031、8051、8751 和增强型 8032、8052、8752 单片机。MCS-51 系列单片机的典型产品是 8051 单片机，其他单片机都是在 8051 功能的基础上增减而成的。20 世纪 80 年代中后期，由于 Intel 公司把精力放在高档 CPU 芯片的开发研制上，逐渐退出单片机芯片的开发和生产。由于 MCS-51 系列单片机设计上的成功和较高的市场份额，Intel 公司以专利转让或技术交换的形式把 8051 的内核技术转让给了世界许多半导体芯片厂家，如 ATMEL、PHLIPS、LG、ADI 等。这些厂家生产的兼容机均采用 8051 的内核结构，指令系统相同，功能模块不断完善，使得 8051 系列单片机迅速发展起来，新机型不断涌现，形成了 8051 系列单片机的庞大系统，这也是目前应用数量最多的单片机。

4. 第四阶段（1983 年至今）

从 1983 年至今，8 位 51 系列单片机不断发展，形成了长盛不衰的局面。20 世纪 90 年代是单片机制造业大发展时期，这个时期的 ATMEL、德州仪器（TI）、飞利浦、LG、中国深圳宏晶科技等公司也开发了一大批性能优良的单片机，极大地推动了 51 单片机的应用。目前，除了 8 位单片机得到广泛应用以外，16 位、32 位单片机也得到了用户的青睐。近年来，世界上单片机芯片生产厂家推出的与 8051 兼容的主要产品如表 1-1 所示。

表 1-1　与 8051 兼容的单片机型号

生　产　厂　家	单片机型号
ATMEL 公司	AT89C5x 系列，AVR 系列
宏晶科技公司	STC89 系列
德州仪器（TI）	MSP430 系列
飞利浦公司	80C51、8xC552 系列
LG 公司	GMS90/97 系列
微芯公司	PIC 系列
西门子公司	ESAB80512 系列
华邦公司	W78C51、W77C51 系列

1.1.3　单片机的特点与应用

1. 单片机的特点

单片机作为计算机的一个分支，是将组成计算机的基本部件集成在一块晶体芯片上,通过合理的硬件设计及软件程序设计使其具有体积小、功能强等特点。因此,单片机的发展和普及给工业自动化等领域带来了一场重大革命和技术进步。其主要特点可以归纳如下。

(1) 集成度高,体积小,可靠性高。

单片机把各功能部件集成在一个芯片上,很容易嵌入到系统当中,便于实现各种方式的检测和控制,在这一点上,一般的微型计算机根本做不到。其外部总线增加了 I^2C 及 SPI 等串行总线方式,体积缩小,结构简化;内部采用总线式结构,易采取电磁屏蔽的方法,大大提高了抗干扰能力,在各种恶劣环境下都能可靠地工作。

(2) 性价比高,易产品化。

由于单片机的价格是一般计算机的数百、数千分之一,技术门槛低,单片机系统设计、组装及调试都很容易,所以产品研发周期短,技术人员能快速研制出各种智能化的控制设备和仪器。

(3) 控制功能强大。

在短短几十年里,单片机就经历了 4 位机、8 位机、16 位机及 32 位机等几大发展阶段,其指令系统含有丰富的转移指令、I/O 端口指令以及位处理功能,其逻辑控制功能及运行速度均高于同一档次的微机,能有针对性地解决从简单到复杂的各类控制任务。

(4) 目前大多数单片机采用哈佛结构体系。

这种结构采用数据存储器 RAM 与程序存储器 ROM 分开的方式,各自有自己的数据总线和地址总线。单片机主要用于控制系统,通常有较多的控制程序和较少的用户数据,小容量的数据存储器以高速 RAM 形式集成在单片机内部,可以加速单片机的执行速度。程序一旦烧写到程序存储器 ROM 中,在运行中就不会更改,可靠性高。

2. 单片机的应用

单片机具有软硬件结合、体积小、易于嵌入到各种应用系统中的优点。因此,单片机广泛应用各个领域。

1) 工业控制

在工业领域,单片机可构成形式多样的控制系统、数据采集系统、通信系统、信号检测系统、测控系统等应用控制系统,例如锅炉燃烧的自动控制、工厂流水线的智能化管理以及当今非常流行的物联网系统等。

2) 机电一体化

在工业自动化的领域中,单片机的出现促进了机电一体化的发展。机电一体化产品指集机械技术、微电子技术、计算机技术于一体,具有智能化特征的机电产品。单片机作为机电产品的控制器,使传统的机械产品结构简单化、控制智能化。例如,在电传打字机中,单片机取代了近千个机械部件。

3) 智能仪器仪表

单片机广泛应用于仪器仪表中,结合不同类型的传感器,可实现对温度、湿度、流量、长度、压力等物理量的测量。单片机控制可使仪表数字化、智能化、微型化,集测量、处理、控制于一身,赋予仪器仪表崭新的面貌,例如精密的测量设备(电压表、功率计、示波器等)。

4) 家用电器

单片机由于价格低廉、体积小、控制功能强大,广泛应用于家用电器中,单片机使得电冰箱、电饭煲、微波炉、电视机、洗衣机、空调等家用电器越来越人性化、智能化。

5）汽车电子设备

单片机在汽车电子设备中应用广泛，例如汽车 ABS(Antilock Brake System,防抱死系统)、汽车 GPS(Global Positioning System,全球定位系统)、汽车胎压监测系统、汽车防撞检测系统、汽车智能自动驾驶系统等。

6）通信

单片机集成了通信接口，通信设备基本上都实现了单片机智能控制，从手机、电话机、传真机到列车无线通信系统、无线遥控系统等各种通信设备及系统中，单片机都得到了广泛的应用。

7）军事装备

现代化的军事装备，如飞机、军舰、坦克、导弹、鱼雷制导、智能武器装备、航天飞机导航系统，都有单片机的嵌入。

综上所述，从工业控制、机电一体化、智能仪器仪表、家用电器、汽车电子和通信直到国防尖端技术领域，单片机都发挥着十分重要的作用。

1.1.4　单片机的发展趋势

单片机的发展趋势是向大容量、高性能及外围电路内装化等方面发展。为满足不同的用户要求，各公司竞相推出能满足不同需要的产品。

1. CPU 高性能化

CPU 高性能化主要通过以下两个途径实现：

（1）采用双 CPU 结构，加快指令运算的速度和提高系统控制的可靠性。

（2）增加数据总线宽度，单片机内部采用 16 位数据总线，其数据处理能力明显优于一般 8 位单片机。

2. 存储器的优化

主要从以下几个方面对存储器进行优化：

（1）加大存储容量。以往单片机内的 ROM 为 1～4KB，RAM 为 64～128B。但在需要复杂控制的场合，这样的存储容量是不够的，必须进行外界扩充。为此，必须运用新的工艺，使片内存储器大容量化。目前，单片机内 ROM 最大可达 128KB，RAM 最大为 2KB。

（2）采用 E^2PROM(Electrically Erasable Programmable Read-Only Memory,电可擦写可编程只读存储器) 或 Flash（闪存）简化了应用系统结构。片内 EPROM（Erasable Programmable Read-Only Memory,可擦写可编程只读存储器）由于需要高压编程写入，紫外线擦抹，给用户带来不便。采用 E^2PROM 或 Flash 后，能在 +5V 下读写，不需紫外线擦抹，既有静态 RAM 读写操作简单的优点，又有在掉电时数据不会丢失的优点。

（3）单片机编程保密化。一般写入片内程序存储器中的程序很容易被复制，为了保证程序的保密性，生产厂家对片内 E^2PROM 或 Flash 采用加锁方式。加锁后，就无法读取其中的程序。若要读取，必须抹去 E^2PROM 中的信息，这就达到了程序保密的目的。

3. 片内 I/O 的改进

一般单片机都有较多的并行口，以满足外围设备、芯片扩展的需要，并配有串行口，以满足多机通信功能的要求。

（1）增强并行口的驱动能力。这样可减少外部驱动芯片。有的单片机能直接输出大电流和高电压，以便能直接驱动 LED（Light Emitting Diode，发光二极管）和 VFD（Vacuum Fluorescent Display，真空荧光显示器）。

（2）增加 I/O 的逻辑控制功能。大部分单片机的 I/O 都能进行逻辑操作。中高档单片机的位处理系统能够对 I/O 进行位寻址及位操作，大大地加强了 I/O 口线控制的灵活性。

（3）有些单片机设置了一些特殊的串行接口功能，为构成分布式和网络化的系统提供了方便条件。

4. 外围电路内装化

随着集成度的不断提高，有可能把众多的外围功能器件集成在片内。这也是单片机发展的重要趋势。除了一般必须具有的 ROM、RAM、定时器/计数器、中断系统外，随着单片机档次的提高，为了适应检测、控制功能更高的要求，片内集成的部件还有 A/D 转换器、D/A 转换器、DMA 控制器、锁相环、频率合成器、字符发生器、声音发生器、液晶显示驱动器和录像机用的锁相电路等。

5. 低功耗化

单片机低功耗化的显著特征就是 CMOS 化（Complementary Metal Oxide Semiconductor，互补金属氧化物半导体，是一种芯片制造技术），CMOS 电路的特点是低功耗、高密度、低速度、低价格。单片机的功耗已从毫安级降到微安级，使用电压为 3～6V，完全适应电池工作。低功耗化还带来了产品的高可靠性、高抗干扰能力以及产品便携化。低功耗是一切电子系统追求的目标，是绿色电子的发展方向。

6. 串行扩展技术

在很长一段时间里，通用型单片机通过三总线结构扩展外围器件成为单片机应用的主流结构。随着低价位 OTP（One Time Programmable，一次可编程）及各种类型片内程序存储器的发展，加上外围电路接口不断进入片内，推动了单片机"单片"应用结构的发展。特别是 I²C（Inter Integrated Circuit，两线式串行总线）、SPI（Serial Peripheral Interface，串行外设接口）等串行总线的引入，可以使单片机的引脚更少，单片机系统结构更加简化及规范化。

7. ISP

ISP 即在线编程（In System Programming）。具有 ISP 功能的单片机芯片，只需要一根 ISP 串口下载线，就可以将调试好的程序从 PC 烧写入单片机的 Flash 中，并且支持在线调试，ISP 技术的优势就是省去了编程器，可以直接对单片机产品进行实验和开发。

8. 单片机中的软件嵌入

随着单片机程序空间的扩大，会有许多多余空间，在这些空间可嵌入一些工具软件，这些软件大大提高了产品开发效率，增强了单片机性能。单片机嵌入软件的类型主要如下：

（1）实时多任务操作系统（Real Time Operating System，RTOS）。在 RTOS 支持下，可实现按任务分配的规范化应用程序设计。

（2）平台软件。可将通用子程序及函数库嵌入，以供应用程序调用。

（3）虚拟外设软件包。

（4）其他用于系统诊断、管理的软件等。

综上所述，今后单片机会朝着多功能、高性能、高速度、低电压、低功耗、低价格、单片化、大容量、编程在线化等方向发展。可以预见，今后单片机将会功能更强，集成度更高，可靠性更好,功耗更低,使用更方便。

1.2 数字电路逻辑基础

1.2.1 数制

数制是按进位原则进行计数的一种方法,即进位计数制。常用的数制有十进制、二进制、十六进制。

1. 十进制

十进制是人们生活中普遍使用的计数制。

计数规则:逢十进一。

计数符号:0,1,2,3,4,5,6,7,8,9。

按权展开式示例:$125.6 = 1 \times 10^2 + 2 \times 10^1 + 5 \times 10^0 + 6 \times 10^{-1}$。

2. 二进制

二进制是数字计算机使用的计数制。

计数规则:逢二进一。

计数符号:0、1。

按权展开式示例:$101.1 = 1 \times 2^2 + 0 \times 2^1 + 1 \times 2^0 + 1 \times 2^{-1}$。

例如,生活中开关的通与断,指示灯的亮与灭,电动机的起与停,都可以用二进制来描述和控制。二进制运算规则简单,便于物理实现,但书写冗长,不便于人们阅读和记忆。

8 位(b)二进制可构成 1 字节(B),即 1B=8b。对于早期 8 位计算机来说,CPU 一次处理能力是 1 字节,1 字节可以表示 2^8 个数,即 0~255 共 256 个数。字节中的位号从右至左依次是 0~7,第 0 位称为最低有效位(LSB),第 7 位称为最高有效位(MSB)。当数值大于 255 时,则要采用字(2B)或双字节(4B)来表示,字可以表示 2^{16} 个不同的数,即 0~65 535 共 65 536 个数,这时对应的 MSB 是第 15 位。

3. 十六进制

十六进制是在计算机指令代码与软件工具的显示中经常用到的数制。

计数规则:逢十六进一。

计数符号:0,1,2,…,9,A,B,C,D,E,F。

按权展开式示例:$2AB.5 = 2 \times 16^2 + A \times 16^1 + B \times 16^0 + 5 \times 16^{-1}$。

由于 4 位二进制数可以用 1 位十六进制数直观地表示,所以人们对二进制的代码或数据经常采用十六进制形式缩写。为了区分不同的进制,在数的结尾以一个字母标识。例如,十进制(Decimal)数书写时结尾用字母 D,二进制(Binary)数书写时结尾用字母 B,十六进制(Hexadecimal)数书写时结尾用字母 H。由于十进制和二进制较为常见且易于区分,所以习惯上只在十六进制数的结尾加上字母标识。表 1-2 为 0~15 的 3 种进制表示形式。

4. 数制的相互转换

1) 二、八、十六进制数转换为十进制数

二进制、八进制、十六进制转换为十进制的方法是,将二进制、八进制、十六进制写成按权展开式,然后各项相加,即得到对应的十进制。

表 1-2 0~15 的 3 种进制表示

十 进 制	二 进 制	十六进制	十 进 制	二 进 制	十六进制
0	0000	0H	8	1000	8H
1	0001	1H	9	1001	9H
2	0010	2H	10	1010	AH
3	0011	3H	11	1011	BH
4	0100	4H	12	1100	CH
5	0101	5H	13	1101	DH
6	0110	6H	14	1110	EH
7	0111	7H	15	1111	FH

【例 1-1】 将二进制数 1011.011 转换为对应的十进制数。

解：$1011.011B = 1 \times 2^3 + 0 \times 2^2 + 1 \times 2^1 + 1 \times 2^0 + 0 \times 2^{-1} + 1 \times 2^{-2} + 1 \times 2^{-3} = 11.375D$。

2) 十进制数转换为二进制数

十进制数转换为二进制数的方法是：将整数部分按"除 2 倒读余数法"的原则进行转换，小数部分按"乘 2 顺读整数法"的原则进行转换。

【例 1-2】 将十进制数 11.375 转换为对应的二进制数。

解：整数部分为 11/2 = 5   余 1

               5/2 = 2   余 1

               2/2 = 1   余 0

               1/2 = 0   余 1

     小数部分为 0.375 × 2 = 0.75   整数是 0

                0.75 × 2 = 1.5   整数是 1

                0.5 × 2 = 1   整数是 1

所以十进制数 11.375D = 1011.011B。

3) 二进制数转换为十六进制数

二进制数转换为十六进制数时，从小数点开始，分别向左、向右每 4 位二进制数划为一组，整数部分不足 4 位时前面补 0，小数部分不足 4 位时后面补 0，然后每一组（4 位二进制数）用 1 位十六进制数代替（4 位二进制数与 1 位十六进制数对应关系见表 1-2），小数点位置保持不变。

【例 1-3】 将二进制数 1011000111.101101B 转换为十六进制数。

解：1011000111.101101B = 0010 1100 0111.1011 0100B = 1C7.B4H。

1.2.2 码制

计算机只能识别 0 和 1，所以其他信息（如字符和字符串）也要用二进制来表示，这样计算机才能够识别。

1. 字符的编码 ASCII 码

字符的编码采用的美国标准信息交换码，英文全称为 American Standard Code for Information Interchange，即 ASCII 码。

1 字节的 8 位编码可以表示 2^8(256)种字符。当最高位为 0 时,1 字节表示的字符为标准 ASCII 码字符,共有 2^7(128)个,用于表示数字、英文大写字母、英文小写字母、标点符号及控制字符等;当最高位为 1 时,1 字节表示的是扩展 ASCII 码字符,是一些特殊符号,如希腊字母等。

2. 十进制数的编码(BCD 码)

十进制是人们在生活中最习惯使用的数制,通过键盘向计算机输入数据时,常用十进制输入,显示器显示的数据也多为十进制。而计算机能直接识别和处理的是二进制编码,用 4 位二进制编码可以表示 1 位十进制数,这种用二进制编码表示十进制的代码称为 BCD 码。常用的 8421BCD 码如表 1-3 所示。

表 1-3　常用的 8421BCD 码

十 进 制	8421BCD 码	十 进 制	8421BCD 码
0	0000	5	0101
1	0001	6	0110
2	0010	7	0111
3	0011	8	1000
4	0100	9	1001

由于 4 位二进制编码可以表示 1 位十进制数,所以采用 8 位二进制代码(1 字节)就可以表示 2 位十进制数,这种用 1 字节表示 2 位十进制数的编码称为压缩的 BCD 码。相对于压缩的 BCD 码,用 8 位二进制代码表示的 1 位十进制的编码称为非压缩 BCD 码。这时高 4 位为 0000,低 4 位是 BCD 编码。显而易见,压缩的 BCD 编码可以节省存储空间。

注意:若 4 位编码在 1010~1111B 范围内,不属于 BCD 码的合法范围,称为非法码。两个 BCD 码进行运算时可能会出现非法码,这时要对运算的结果进行调整。

3. 计算机中带符号数的表示

1)原码、真值及机器数

在计算机中,为了运算的方便,数的 D6~D0 位是数值位,最高位 D7 位用来表示正、负数的符号,如图 1-1 所示。最高位为 0 表示正数,最高位为 1 表示负数。

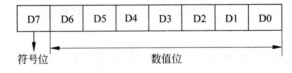

图 1-1　原码表示法

原码是计算机表达带符号数的一种方式,其规则是:最高位作为符号位,后面各位表示该数的绝对值。真值是带+、-号的数。机器数是数码化的带符号数。

【例 1-4】　正数 55H 的原码、真值及机器数表示法。

解:原码为 0101 0101B 或 55H。

真值为+101 0101B 或+55H。

机器数为 0101 0101B 或 55H。

【例 1-5】 负数 45H 的原码、真值及机器数表示法。

解：原码为 1100 0101B 或 C5H。

真值为 −100 0101B 或 −45H。

机器数为 1100 0101B 或 C5H。

2) 反码

正数的反码与其原码相同；负的反码是在其原码的基础上,符号位为 1 保持不变,数值位各位取反。

【例 1-6】 求正数 55H 及负数 45H 的反码。

解：
$$[+55]_{反码} = 0101 0101B = 55H$$
$$[-45]_{反码} = 1011 1010B = BAH$$

3) 补码

在计算机中带符号数的运算均采用补码。正数的补码与其原码、反码相同,负数的补码为其反码末位加 1。

【例 1-7】 求正数 55H 及负数 45H 的补码。

解：
$$[+55]_{补码} = 0101 0101B = 55H$$
$$[-45]_{补码} = [-45]_{反码} + 1 = 1011 1010B + 1 = BBH$$

由负数的补码求真值的方法是：对该补码求补(符号位不变,数值位取反加 1)即得该负数的原码(符号位＋数值位),由该原码可知真值。

【例 1-8】 用补码计算 55H−65H 的结果。

解：
$$[55H]_{补码} = 0101 0101B$$
$$[-65H]_{补码} = [-65H]_{反码} + 1 = 1001 1010B + 1 = 1001 1011B$$
$$[55H]_{补码} + [-65H]_{补码} = 1111 0000B = [-10H]_{补码}$$

对 $[-10H]_{补码}$ 再求补,得到其原码为 1001 0000B,所以真值为 −10H,与直接减法运算的结果一致：55H−65H=−10H。

由此可见,补码的优点是可以将减法运算转换为加法运算,且符号位可以连同数值位一起运算,这非常有利于计算机的实现。

本章小结

本章首先介绍了 MCS-51 系列单片机的定义、发展历史、特点、应用领域以及发展趋势。然后介绍了数字电路逻辑基础中的数制和码值的基础知识,为学习后续章节内容做好铺垫。

思考题

1-1 什么是单片机？一个完整的单片机至少有哪些部件？

1-2 51 系列单片机的名称由何而来？它与 MCS-51 单片机是等同的概念吗？

1-3 单片机具有哪些特点？主要应用在哪些领域？

1-4 试述目前 8 位单片机市场中 3 种市场占有率较高的主流单片机类型。

1-5 分析 51 单片机是冯·诺依曼结构还是哈佛结构。

1-6 补码可以带符号位进行运算吗？试用补码计算 54H−64H 的结果。

## 第 2 章

MCS-51 单片机体系结构

MCS-51 系列单片机包括很多类型,分为普通型(8051、8031、8751、8951 等)和增强型(8052、8032、8752、8952 等),它们的结构基本相同,差别在于存储器的配置不同,8051 内部有 4KB 的掩膜 ROM 程序存储器,8031 内部没有程序存储器,8751 是将 8051 片内的掩膜 ROM 换成 EPROM,8951 则换成 Flash ROM,增强型单片机的存储器容量为普通型的 2 倍。

新一代的 8xC51 单片机都以 8051 为基本内核,它们的引脚和指令系统都是完全兼容的,常用的 8051 单片机这个术语泛指以 8051 为内核的单片机。本章主要介绍 8051 单片机片内硬件结构及时序。

2.1 MCS-51 单片机的内部结构

MCS-51 系列单片机的基本结构是通用 CPU 加上外围芯片,在功能单元的控制上,采用了特殊功能寄存器(SFR)的集中控制方法。8051 系列单片机的内部结构如图 2-1 所示。

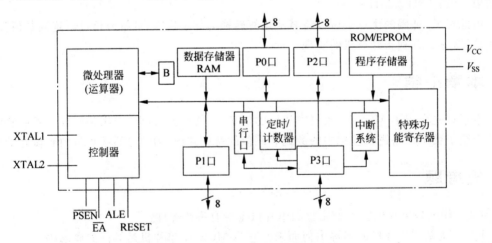

图 2-1 8051 系列单片机的内部结构

其内部结构由 8 个部件组成:

(1) 中央处理器(CPU)。

(2) 片内程序存储器(ROM)。

（3）片内数据存储器（RAM）。

（4）并行输入输出接口（I/O 口，分为 P0、P1、P2、P3）。

（5）串行接口（UART）。

（6）定时/计数器（T0/T1）。

（7）中断系统。

（8）特殊功能寄存器。

2.2　MCS-51 单片机的外部引脚及功能

目前，8051 系列单片机多采用 40 脚双列直插封装（DIP）方式，如图 2-2 所示。引脚按其功能可分为以下 3 类：

（1）电源及时钟引脚，包括 V_{CC}、V_{SS}、XTAL1、XTAL2。

（2）控制引脚，包括 $\overline{PSEN}$、ALE/$\overline{PROG}$、$\overline{EA}/V_{PP}$、RESET/VPD。

（3）I/O 引脚，包括 P0、P1、P2、P3 为 4 个 8 位 I/O 口的外部引脚。

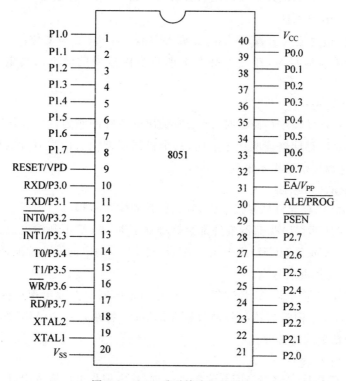

图 2-2　8051 系列单片机的引脚

2.2.1　电源及时钟引脚

1. 电源引脚

8051 系列单片机有两个电源引脚：

（1）V_{CC}（40 引脚）：正常操作接＋5V 电源。

（2）V_{SS}（20 引脚）：接数字地。

2. 时钟引脚

8051 系列单片机的 XTAL1（19 引脚）和 XTAL2（18 引脚）构成了时钟电路。时钟电路主要用于产生单片机工作所需的时钟信号，就像部队训练时喊口令的人，单片机内部所有的工作都是以这个时钟信号为基准来进行的。

（1）XTAL1（19 引脚）：是片内振荡反相放大器和时钟发生器电路的输入端。当使用片内振荡器时，该引脚连接外部石英晶体和微调电容。当采用外接时钟源时，该引脚接外部时钟振荡器的信号。

（2）XTAL2（18 引脚）：是片内振荡器反相放大器的输出端。当使用片内振荡器时，该引脚连接外部石英晶体和微调电容。当采用外接时钟源时，该引脚悬空。

2.2.2 控制引脚

8051 系列单片机一共有 4 个控制引脚，负责提供控制信号。其中 3 个还具有复用功能，但第二功能极少用到，因此下面出现引脚的两个名称，但只详述第一功能。

1. RESET/VPD（9 引脚）

9 引脚为复位信号输入引脚/备用电源输入引脚。RESET 为复位信号输入端，高电平有效。当晶体振荡器运行时，在此引脚上出现两个机器周期以上的高电平，将使单片机复位。

2. $\overline{PSEN}$（29 引脚）

在单片机访问外部程序存储器时，29 引脚输出的负脉冲作为读外部程序存储器的选通信号。当从外部程序存储器读取指令期间，每个机器周期内有两次有效输出；当访问外部数据存储器时，这两次信号将不出现。

3. ALE/$\overline{PROG}$（30 引脚）

30 引脚为地址锁存允许信号输出引脚/编程脉冲输入引脚。

当 CPU 访问外部程序存储器或外部数据存储器时，ALE 不断输出正脉冲地址锁存信号，一般与 74LS373 或 74HC573 等锁存器配合，将 P0 口输出的低 8 位地址锁存，从而实现 P0 口低 8 位地址与数据的分离。

即使不访问外部存储器，ALE 端仍会以不变的频率周期性地出现正脉冲信号，此频率为振荡器频率的 1/6。但是当访问外部数据存储器时，将跳过一个 ALE 脉冲。因此，ALE 一般不适合作为精确的时钟源。

4. $\overline{EA}/V_{PP}$（31 引脚）

31 引脚为外部程序存储器访问允许控制引脚/片内编程电压输入引脚。

$\overline{EA}$ 为该引脚的第一功能，当 $\overline{EA}$ 保持高电平时，CPU 访问内部程序存储器。当 PC 值不超出片内程序存储容量时，单片机读片内程序存储器的程序（例如片内 4KB 程序存储器 PC 地址范围为 0000H～0FFFH）。当 PC 值超出片内 PC 地址范围时，将自动跳转，读取片外程序存储器空间中的程序（例如片外 60KB 程序存储器 PC 地址范围为 1000H～FFFFH）。

当 $\overline{EA}$ 引脚为低电平时，只读取外部的程序存储器中的内容，片内程序存储器将不起作用。

2.2.3　并行 I/O 引脚

1. P0 口

P0 口为漏极开路的双向 I/O 口,共 8 位,有 P0.0～P0.7 共 8 条引脚。P0 口位结构如图 2-3(a)所示,包含输入缓冲器、锁存器、切换开关(MUX)、非门、与门、上拉场效应管 T1、驱动场效应管 T2。由该图可知,P0 口具有双重工作方式,既可以作普通 I/O 口,又可以作地址/数据总线使用。

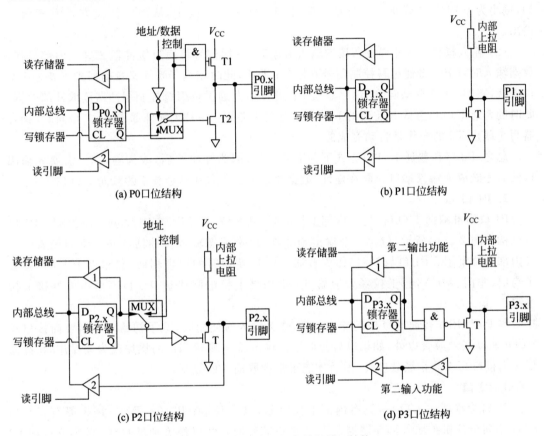

(a) P0口位结构　　　　　　　　　　(b) P1口位结构

(c) P2口位结构　　　　　　　　　　(d) P3口位结构

图 2-3　8051 单片机 4 个并行端口结构

1) P0 口作为通用的 I/O 口

P0 口作为 I/O 口输出时,CPU 发控制电平 0 使与门输出 0,T1 截止,同时使用 MUX 接通下面的触点,使 $\bar{Q}$ 端连通 T2 栅极,内部总线与 P0 端口同相。由于上拉场效应管 T1 截止,输出场效应管 T2 漏极开路,故而 P0 口要外接上拉电阻。

P0 口作为 I/O 口输入时,如果此前内部总线刚刚输出了低电平,此时锁存器 Q=0, $\bar{Q}$=1,驱动场效应管 T2 导通,接口呈低电平,此时无论 P0 端口是 1 还是 0,从 P0 口引脚读取的信号都将为 0,这显然无法正确读取接口引脚信号。故而在执行输入操作前,应向 P0 口锁存器写入 1,D 触发器的 $\bar{Q}$ 端输出 0 使 T2 截止,外部引脚处于悬浮状态,变为高阻抗输入(此时 T1 也是截止的)。

2）P0 口作为地址/数据总线

当 8051 系列单片机扩展外部存储器及 I/O 接口芯片时,P0 口作为地址总线(低 8 位)及数据总线的分时复用端口。P0 口作为地址/数据总线使用时,通过 CPU 内部写控制信号 1 实现,它使 MUX 连接上面的触点,地址/数据信号通过非门连接到 T2 的栅极。由于控制信号为 1,地址/数据信号通过与门连接 T1 的栅极,实际上相当于"直接"(或称"同相")连接到 T1 的栅极。

(1) 输出操作:输出的地址或数据信号通过与门驱动 T1,并同时通过非门驱动 T2,例如,输出为 0 时,T1 截止,T2 导通;反之,T1 导通,T2 截止,从而以推挽方式实现信号输出。

(2) 输入操作:从外部设备读取输入数据时,数据信号将通过缓冲器 2 进入内部总线,数据输入时,CPU 将通过写控制信号 0 使 T1 截止,此时相当于瞬间又自动回到了普通 I/O 口方式,随即 CPU 自动向 P0 锁存器写 1 截止 T2,并通过读引脚控制缓冲器读取外部数据,此时的普通 I/O 口方式与前面的 I/O 方式有两个差别:一是无须外部上拉,二是向 P0 锁存器写 1 截止 T2 的操作是自动完成的。

总之,P0 口在普通 I/O 口方式下为准双向口,因为输出 0 后,改为输入时,需要先输出 1,然后才能成为输入端口。而在地址/数据总线方式下,P0 口是真正的双向 I/O 口。

2. P1 口

P1 口为准双向 I/O 口,具有内部上拉电阻,共 8 位,有 P1.0～P1.7 共 8 条引脚。P1 口位结构如图 2-3(b)所示,包含一个输出锁存器、两个三态输入缓冲器和一个驱动场效应管及内部上拉电阻。P1 口与 P0 口作为普通 I/O 口使用时的原理相似,它相当于 P0 口省去了与门、非门、MUX,且上拉场效应管 T1 由内部上拉电阻代替,P1 口不再需要外接上拉电阻。

与 P0 口用作普通 I/O 口的操作一样,作为输入端使用时,除了初始时不需要向接口写 1 截止驱动场效应管以外,如果以后曾向接口输出过 0,则每当由写操作改为读操作时,都需要先向接口写 1 截止场效应管,然后才能正常读取输入的数据。

3. P2 口

P2 口为准双向 I/O 口,具有内部上拉电阻,共 8 位,有 P2.0～P2.7 共 8 条引脚。当 8051 系列单片机扩展外部存储器及 I/O 接口芯片时,P2 口作为地址总线(高 8 位),和 P0 输出的低 8 位地址一起构成 16 位地址,可以寻址 64KB 的地址空间。

P2 口位结构如图 2-3(c)所示,它比 P1 口多了一个转换控制部分。当 P2 与 P0 配合作为地址/数据总线方式下的高 8 位数据线(A8～A15)时,CPU 将写控制信号 1 使 MUX 切换到右边,在地址/数据总线方式下,无论 P2 口剩余多少地址线,均不能被用于普通 I/O 操作。

反之,如果 CPU 通过写控制信号 0 将 MUX 切换到左边,使之工作于普通 I/O 口方式时,P2 锁存器 Q 端输出通过非门驱动场效应管,相当于 P1 口通过 Q̄ 端直接驱动场效应管,在普通 I/O 口方式下,P2 与 P1 同为准双向 I/O 口。

4. P3 口

P3 口为准双向 I/O 口,具有内部上拉电阻,共 8 位,有 P3.0～P3.7 共 8 条引脚。P3 口为具有双重功能的 I/O 口,与 P1 相比,它增加了第二 I/O 功能。P3 口位结构如图 2-3(d)

所示。

1） P3 口作为普通 I/O 口

P3 口作为普通 I/O 口使用时，CPU 将第二输出功能控制线保持为 1，锁存器 Q 端通过与非门驱动场效应管，相当于 P1 口通过 $\overline{Q}$ 端直接驱动场效应管，或相当于 P2 口通过 Q 端经非门驱动场效应管。在这种方式下，其读写操作与 P1、P2 相同。

2） P3 口作为第二功能输入输出口

P3 口作为第二功能输出时，CPU 自动向 P3 锁存器写入 1，由于 Q=1，与非门相当于一个非门，此时的输出将仅仅由第二功能输出线决定，例如，UART 模块通过 TXD 输出的 SBUF 寄存器串行数据及 $\overline{RD}$、$\overline{WR}$ 引脚输出的读/写控制信号。

P3 口作为第二功能输入时，CPU 除自动向 P3 锁存器写入 1，置 Q=1 以外，还将第二功能线写 1，以保证 Q 端和第二功能输出线经过与非门后输出为 0，使得场效应管 T 被截止，此时所读取的 P3 端口引脚将通过缓冲器 3 直接进入第二功能输入端，例如，从 RXD、$\overline{INT0}$、$\overline{INT1}$、T0、T1 引脚读取的信号将通过第二功能输入端分别进入单片机内部串行模块、外部中断处理模块、定时/计数器模块进行处理。

P3 口 P3.0～P3.7 这 8 条引脚的第二功能如表 2-1 所示。

表 2-1　P3 口引脚的第二功能

引　　脚	第 二 功 能	说　　　明
P3.0	RXD	串行数据接收端
P3.1	TXD	串行数据发送端
P3.2	$\overline{INT0}$	外部中断 0 输入
P3.3	$\overline{INT1}$	外部中断 1 输入
P3.4	T0	定时/计数器 0 外部计数输入
P3.5	T1	定时/计数器 1 外部计数输入
P3.6	$\overline{WR}$	片外数据存储器"写"选通控制输出
P3.7	$\overline{RD}$	片外数据存储器"读"选通控制输出

2.2.4　三总线结构

单片机的引脚除了电源、复位、时钟接入和用户 I/O 外，其余引脚都是为了实现系统扩展而设置的，这些引脚构成了 8051 系列单片机的三总线结构，如图 2-4 所示。

1. 地址总线

地址总线（AB）宽度为 16 位，因此外部存储器直接寻址范围为 64KB。16 位地址总线由 P0 口经地址锁存器提供低 8 位地址（A0～A7），P2 口直接提供高 8 位地址（A8～A15）。

2. 数据总线

数据总线（DB）宽度为 8 位（D0～D7），由 P0 提供。

3. 控制总线

控制总线（CB）由 P3 口的第二功能状态和 4 根独立控制线 RESET、$\overline{EA}$、$\overline{PSEN}$ 和 ALE 组成。

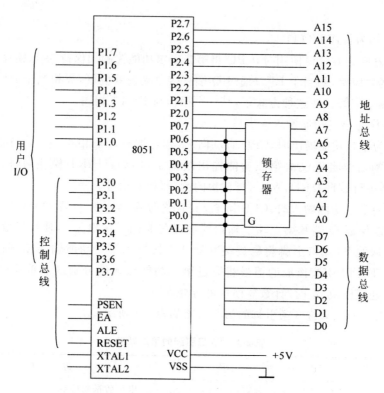

图 2-4   8051 系列单片机的三总线结构图

2.3   MCS-51 单片机的中央处理器

8051 系列单片机的中央处理器(CPU)是单片机的指挥中心和执行机构,它的作用是产生合适的时序,读入和分析每条指令代码,根据每条指令代码的功能要求,指挥并控制单片机的有关部件和器件,具体执行指定的操作。

由图 2-1 可见,8051 系列单片机的 CPU 由运算器和控制器组成。

2.3.1   运算器

运算器主要用来对操作数进行算术、逻辑和位运算,由算术逻辑运算单元、累加器 A、寄存器 B、位处理器、程序状态字寄存器组成。

1. 算术逻辑运算单元

算术逻辑运算单元(ALU)的主要功能是实现 8 位二进制数的加、减、乘、除四则算术运算和与、或、非、异或等逻辑运算,以及循环、清零、置位、加 1、减 1 等基本操作。

除此之外,8051 系列单片机的 ALU 还具备特有的位处理功能,即可以对单独的 1 位进行置位、清零、取反以及逻辑与、或和位判断等操作,特别适合面向测控领域的应用。

2. 累加器

累加器(A)是运算器中应用最为频繁的寄存器,因为它是运算、处理时的暂存寄存器,用于提供操作数和存放运算结果,其他如逻辑运算、移位等操作也都要通过累加器,所以累加器直接与 ALU 和内部总线相连,一般的信息传送和交换均需通过累加器。

由于相当多的运算都要通过累加器,这种形式客观上影响了指令的执行效率。为此,8051 系列单片机增加了一些不需要经过累加器的指令,以加快 CPU 的数据传输,解决数据传输瓶颈问题。

3. 寄存器

寄存器(B)是为执行乘法和除法操作而设置的,是进行乘、除算术运算时的辅助寄存器。在进行乘法运算时,累加器和寄存器分别存放两个相乘的数据,指令执行后,乘积的高位字节存放在寄存器中,低位字节存放在累加器中;在进行除法运算时,被除数存放在累加器中,除数存放在寄存器中,指令执行后,商存放在累加器中,余数存放在寄存器中。

在不进行乘、除法运算的其他情况下,寄存器可用作一般的寄存器或中间结果暂存器。

4. 程序状态字寄存器

程序状态字寄存器(Program Status Word,PSW),是一个 8 位可读写的标志寄存器,位于单片机片内特殊功能寄存器区,字节地址是 D0H。它用于寄存当前指令被执行后的相关状态,为下一条或以后的指令执行提供状态条件,许多指令的执行结果将影响 PSW 中的某些状态标志位。

8051 系列单片机 PSW 的重要特点是可以编程,即可通过程序改变 PSW 中的状态标志。PSW 的结构及各位状态标志的定义如表 2-2 所示。

表 2-2　PSW 的各位状态标志

位	D7	D6	D5	D4	D3	D2	D1	D0
状态标志	CY	AC	F0	RS1	RS0	OV	—	P

CY(PSW.7)为进位标志。当指令运算结果的最高位产生进位或借位时置位(CY=1),否则复位(CY=0)。除此之外,CY 还在布尔处理器中作为位累加器使用,常用 C 表示。

AC(PSW.6)为辅助进位标志。在加法或减法运算中,当一个字节的低 4 位数向高 4 位数有进位或借位时,AC 将被硬件置位(AC=1),否则就被清零(AC=0)。AC 常用于 BCD码运算时的十进制调整。

F0(PSW.5)为用户自定义标志。可由用户通过程序对其置位或清零,具体含义也由用户定义。

RS1、RS0(PSW.4、PSW.3)为工作寄存器区选择控制位 1 和位 0。由软件置位或清零,共 4 种组合,每种组合对应片内 RAM 中的一个工作寄存器区。RS1、RS0 与 4 组工作寄存区的关系如表 2-3 所示。

表 2-3　RS1、RS0 与片内 RAM 的 4 组工作寄存区的关系

RS1 和 RS0	所选的 4 组工作寄存区
0　0	0 区(内部 RAM 地址 00H~07H)
0　1	1 区(内部 RAM 地址 08H~0FH)
1　0	2 区(内部 RAM 地址 10H~17H)
1　1	3 区(内部 RAM 地址 18H~1FH)

OV(PSW.2)为溢出标志。当执行带符号数算术加减运算时,OV 用来指示运算结果是否发生溢出,如果 OV=1,表示加减运算的结果超出了目的寄存器 A 所能表示的带符号数

的范围(-128~+127)。

当执行无符号数乘法指令 MUL 时,如果 A×B 的结果超过 255,OV=1,否则 OV=0。由于乘法运算的积的高 8 位放在 B 内,低 8 位放在 A 内,因此,当 OV=0 时,只要从 A 中取得乘积即可,否则要从 B、A 寄存器对中取得乘积;当执行除法指令 DIV 时,如果除数为 0,OV=1,否则 OV=0。

P(PSW.0)为奇偶标志。该位在每个指令周期内都由硬件来置位或清零,以表示累加器 A 中 1 的个数的奇偶性:若 A 中 1 的个数为奇数,则 P 置位,否则清零。因此该位是针对累加器 A 中 1 的个数的偶校验。该标志位可用来生成串行通信中的奇偶校验位。

2.3.2 控制器

控制器是 CPU 的中枢,主要包括指令寄存器、指令译码器、程序计数器、程序地址寄存器、条件转移逻辑电路和时序控制电路。它的主要任务是识别指令,并根据指令的性质控制单片机各功能部件,从而保证单片机各部分自动协调地工作。

程序计数器(Program Counter,PC)是控制器中最基本的寄存器。它不属于 SFR,在物理结构上是独立的,不可访问,即单片机开发人员不可能通过指令修改、操作它。程序计数器中存放下一条指令在程序存储器中的首地址。

PC 的基本工作过程是:CPU 读指令时,PC 的内容作为所取指令的首地址发送给程序存储器,该地址中的指令代码将被执行,同时系统将下一个指令的首地址存入 PC,这也是为什么 PC 被称为程序计数器的原因。

PC 内容的变化轨迹决定了程序的流程。由于 PC 是不可访问的,顺序执行程序时 PC 值自动增加以指向下一条指令;执行子程序或发生中断时,CPU 会自动将当前 PC 值压入堆栈,将子程序入口地址或中断入口地址装入 PC;子程序返回或中断返回时,恢复原有被压入堆栈的 PC 值,继续执行原顺序程序指令。

PC 是一个独立的 16 位计数器,它的宽度决定了程序存储器的地址范围。8051 系列单片机中 PC 的位数为 16 位,故可对 64KB(=2^{16}B)的程序存储器单元进行寻址。复位时 PC 的内容为 000H,说明程序从程序存储器的 0000H 单元开始执行。

2.4 MCS-51 单片机存储器的结构

8051 系列单片机存储器采用哈佛结构,将程序存储器和数据存储器分开,拥有各自的寻址系统和访问指令。8051 系列单片机在物理上有 4 个存储空间:片内程序存储空间和片外程序存储空间,片内数据存储空间和片外数据存储空间。

8051 系列单片机除了可以访问内部 128B 的数据存储器和 4KB 的程序存储器外,还可以访问片外扩展的 64KB 外部数据存储器和 64KB 外部程序存储器,存储器空间分布如图 2-5 所示。

2.4.1 MCS-51 单片机程序存储器

程序存储器用于存放程序、表格和常数。8051 系列单片机片内有 4KB 的 ROM,片外有 16 位地址线外扩的最大为 64KB 的程序存储器空间,两者是统一编址的。片内 4KB 的

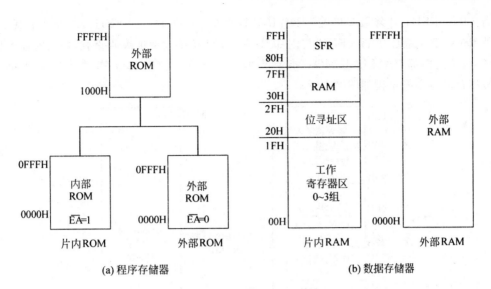

(a) 程序存储器   (b) 数据存储器

图 2-5   8051 存储器空间分布

地址为 0000H～0FFFH，片外地址为 0000H～FFFFH。

如图 2-5 所示，片内和片外都有 0000H～0FFFH 的地址，那么 CPU 该如何区分呢？CPU 的控制器专门提供一个控制信号 $\overline{EA}$ 来区分内部 ROM 和外部 ROM 编码相同的地址区间 0000H～0FFFH。当 $\overline{EA}=1$，即 EA 接高电平时，单片机从片内 ROM 的 0000H 开始取指令，当 PC 值没有超过 0FFFH 时，只访问片内 ROM 存储器，当 PC 值超出 0FFFH 时，会自动转向片外程序存储器 1000H 取指令。当 $\overline{EA}=0$，即 EA 接低电平时，CPU 只能从片外 ROM 取指令。

8051 单片机复位后，CPU 总是从 0000H 单元开始执行程序。因为 PC 总是存放着将要执行的指令的首地址，而指令在程序存储器中是顺序存放的，CPU 只需要把这些指令一条条按顺序取出并执行即可。单片机复位后 PC=0000H，程序从程序存储器 0000H 开始执行，一般在这个单元存放一条跳转指令，跳到主程序的入口地址。

当然，除了 0000H 之外，在程序存储器中还有 5 个具有特殊功能的单元，如表 2-4 所示。

表 2-4   5 个中断源的中断入口地址

中 断 源	入 口 地 址	中 断 源	入 口 地 址
外部中断 0	0003H	定时/计数器 T1	001BH
定时/计数器 T0	000BH	串口 UART	0023H
外部中断 1	0013H		

通常这 5 个中断入口地址处都存放了一条跳转指令，跳转到用户安排的中断程序起始地址。这 5 个中断入口地址不直接存放程序，这是因为，如表 2-4 所示，每两个中断源入口地址只间隔了 8 个存储单元，不够存放中断服务子程序。

2.4.2 MCS-51 单片机数据存储器

8051 单片机的内部有 128B RAM，地址为 00H～7FH，特殊功能寄存器 SFR 的地址范围为 80H~FFH;片外最多扩展 64KB RAM,地址为 0000H~FFFFH。内外地址有重叠,片外 RAM 低位地址 00H~FFH 与内部 RAM 和 SFR 单元地址编码重叠,使用时通过指令来区分,访问内部 RAM 使用 MOV 指令,访问外部 RAM 使用 MOVX 指令。8051 单片机的数据存储器空间结构如图 2-6 所示。

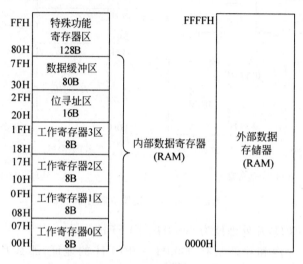

图 2-6 8051 单片机的数据存储器空间结构

8051 单片机的内部 RAM 共有 128 个单元,应用最为灵活,用于存放变量的值、运算结果和标志位等信息。按其用途可分为 3 个区域。

1. 工作寄存器区

字节地址为 00H~1FH 的 32 个单元是 4 组通用工作寄存器区,每组占用 8 个字节,都标记为 R0~R7。在某一时刻,CPU 只能使用其中一组工作寄存器,工作寄存器的选择由程序状态字寄存器中 RS1、RS0 两位来确定,如表 2-3 所示。工作寄存器可以直接和累加器 A 以及内部 RAM 之间进行数据传送、算术及逻辑运算等操作,也可以在寄存器间接寻址时提供地址。

2. 位寻址区

位寻址区占用地址 20H~2FH,共 16 个字节,128 位,这个区域除了可以作为一般 RAM 单元进行读写之外,CPU 可以对字节内部的每一个位(bit)都独立编址且每一位都可以独立置位、复位。这些位都规定了固定的位地址,从 20H 单元的第 0 位起到 2FH 单元的第 7 位止共 16×8=128 位,用位地址 00H~7FH 分别与之对应。对于需要进行按位操作的数据,可以存放到这个区域。

3. 用户 RAM 区

字节地址为 30H~7FH,共 80 个字节。这是真正给用户使用的一般 RAM 区,用户对该区域的访问是按字节寻址的方式进行的。该区域主要用来存放随机数据及运算的中间结果。另外,也常把堆栈开辟在该区域中。

2.4.3 MCS-51 单片机特殊功能寄存器

MCS-51 单片机的 CPU 对片内各功能部件的控制采用的是特殊功能寄存器集中控制

方式,内部有 21 个特殊功能寄存器(Special Function Register,SFR),又称为专用寄存器。它们与片内 RAM 统一编址,离散地分布在片内 RAM 的 80H～FFH 中,未被占用的地址单元无定义,用户不能使用,如果对未定义的单元进行读写操作,读到的是随机数,而写入的数据将会丢失。表 2-5 列出了这些特殊功能寄存器的符号、名称及地址。

表 2-5　8051 单片机的特殊功能寄存器

符号	地址	名　　称	符号	地址	名　　称
* ACC	E0H	累加器 A	* P3	B0H	端口 3
* B	F0H	寄存器 B	PCON	87H	电源控制寄存器
* PSW	D0H	程序状态字	* SCON	98H	串行控制寄存器
SP	81H	堆栈指针	SBUF	99H	串行数据缓冲器
DPL	82H	数据指针低 8 位	* TCON	88H	定时/计数控制寄存器
DPH	83H	数据指针高 8 位	TMOD	89H	定时/计数方式选择寄存器
* IE	A8H	中断允许控制寄存器	TL1	8AH	T1 低 8 位
* IP	D8H	中断优先级控制寄存器	TL0	8BH	T0 低 8 位
* P0	80H	端口 0	TH1	8CH	T1 高 8 位
* P1	90H	端口 1	TH0	8DH	T0 高 8 位
* P2	A0H	端口 2			

　* 寄存器可以进行位寻址。

特殊功能寄存器用于管理片内和片外的功能部件:定时/计数器、串行口、中断即外部扩展的存储器等,其中字节地址以 0H 或 8H 结尾的特殊功能寄存器可以进行位操作。

1. 与运算器相关的寄存器

与运算器相关的寄存器有 3 个:

- 累加器 ACC,8 位。它是 8051 系列单片机中使用得最频繁的寄存器,用于向运算器提供操作数,许多运算的结果也存放在累加器中。
- 寄存器 B,8 位。它主要用于乘除法运算,也可以作为 RAM 的一个单元使用。
- 程序状态寄存器 PSW,8 位。保存运算器运算结果的特征和处理器状态,其 RS1、RS0 用于设置当前工作寄存器地址。

2. 指针类寄存器

指针类寄存器有 3 个:

- 堆栈指针 SP,8 位。该寄存器的复位状态为 07H。
- 数据指针 DPTR(DPL 和 DPH),16 位。

3. 与串并口相关的寄存器

与串并口相关的寄存器有 7 个:

- 并行 I/O 口 P0、P1、P2、P3,均为 8 位。通过对这 4 个寄存器的读写,可以实现数据从相应的口输入输出。
- 串行数据缓冲器 SBUF。
- 串行控制寄存器 SCON。
- 串行通信波特率倍增寄存器 PCON。

4. 与中断相关的寄存器

与中断相关的寄存器有两个:

- 中断允许控制寄存器 IE。
- 中断优先级控制寄存器 IP。

5. 与定时/计数器相关的寄存器

与定时/计数器相关的寄存器有 6 个：

- 定时/计数器 T0 的两个 8 位计数初值寄存器 TH0、TL0,它们可以构成 16 位的计数器,TH0 存高 8 位,TL0 存低 8 位。
- 定时/计数器 T1 的两个 8 位计数初值寄存器 TH1、TL1,它们可以构成 16 位的计数器,TH1 存高 8 位,TL1 存低 8 位。
- 定时/计数方式选择寄存器 TMOD。
- 定时/计数控制寄存器 TCON。

6. 常用的特殊功能寄存器

在 21 个特殊功能寄存器中有 11 个寄存器可以进行位寻址。这些特殊功能寄存器的共同特征是地址可以被 8 整除。

SFR 中的累加器 A 和程序状态寄存器已在前面详细介绍过,下面介绍与指针相关的 SFR,余下的 SFR 将在后续章节中介绍。

1) 堆栈指针 SP

堆栈是在内存中专门开辟出来的按照"先进后出、后进先出"的原则进行存取数据的 RAM 区域。

堆栈的用途是保护现场和断点地址。堆栈可设置在内部 RAM 的任意区,对堆栈有两种操作：数据进栈(写)和数据出栈(读)。但不论是数据进栈还是数据出栈,都是对堆栈的栈顶单元进行的,最后进栈的数据所在单元称为栈顶。为了对栈顶单元进行读写操作时指示栈顶地址,需要设置堆栈指示器,在 8051 单片机中由特殊功能寄存器中的堆栈指针 SP 来指示栈顶地址。

SP 是一个 8 位寄存器,SP 的初值称为栈区的栈底,每当一个数据送到堆栈中(称为压栈)或从堆栈中取出(称为弹栈),堆栈指针都要随之作相应的变化,SP 始终指向栈顶地址。

8051 单片机的堆栈属于向上生长型,单片机复位后,堆栈指针 SP 总是初始化到内部 RAM 地址 07H。从 08H 开始就是 8051 的堆栈区,这个位置与工作寄存器组 1 的位置相同,因此,在实际应用中,通常要根据需要在主程序开始处通过指令改变 SP 的值,从而改变堆栈区的位置。

2) 数据指针 DPTR

数据指针 DPTR 是一个 16 位寄存器,由高位字节 DPH 和低位字节 DPL 组成,用来存放 16 位存储器的地址,以便对外部数据存储器 RAM 读写数据。DPTR 的值可通过指令设置和改变。对于 8052 芯片来说,片内 RAM 是 256B,地址为 00H~FFH,其高位 128B 与特殊功能寄存器的地址重叠,在使用时,通过指令的寻址方式加以区别。

2.5 MCS-51 单片机的时钟与时序

单片机工作时,是在统一的时钟脉冲控制下一拍一拍进行的,而这个脉冲是由单片机控制器中的时序电路产生的。本节介绍 8051 单片机的时钟电路和与时序相关的概念。

2.5.1 MCS-51单片机的时钟电路

单片机各外围部件的运行都以时钟信号为基准,有条不紊,一拍一拍地工作。因此,时钟频率直接影响单片机的速度,时钟电路的质量也直接影响单片机系统的稳定性。时钟电路用于产生单片机工作所需的时钟信号,就像部队训练时喊口令的人,单片机内部所有的工作都是以这个时钟信号为基准来进行的。

时钟信号由两种方式产生:内部时钟方式和外部时钟方式。

1. 内部时钟方式

单片机内部有一个高增益反相放大器,用于构成振荡器。振荡器的输入端为引脚XTAL1,输出端为引脚 XTAL2。在这两引脚之间跨接晶体振荡器或陶瓷振荡器和微调电容,就构成了稳定的自激振荡器,其发出的脉冲直接送入内部时钟发生器,如图 2-7 所示。

电路中的微调电容 C1 和 C2 的典型值通常取 30pF。一般的单片机学习板均采用外接晶体振荡器;当采用外接陶瓷振荡器时,C1、C2 约为 47pF。C1、C2 对频率有微调作用,帮助晶体起振,并维持振荡信号的稳定。振荡频率范围是 1.2~40MHz。MCS51 单片机通常选择 12MHz 的石英晶体。深圳宏晶科技的 STC89C52 单片机常选择 11.0592MHz 的石英晶体。

2. 外部时钟方式

外部时钟方式使用现成的外部振荡器产生脉冲信号,常用于多片单片机同时工作,以便于多片单片机之间的同步。接线方式为外部振荡器信号直接接到 XTAL1 端,XTAL2 端悬空,其电路如图 2-8 所示。由于 XTAL2 的电平不是 TTL 的,故建议外接一个上拉电阻,这种方式适合多块芯片同时工作,便于同步。

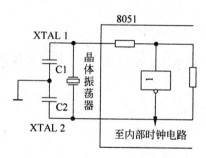

图 2-7　内部时钟方式的电路

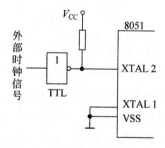

图 2-8　外部时钟方式的电路

2.5.2 MCS-51单片机的时序

时序是指令执行中各控制信号在时间上的相互关系。时序是用时间单位来说明的。8051 单片机的时序单位一共有 4 个,从小到大依次是时钟周期(拍)、状态周期、机器周期、指令周期。单片机执行的指令均是在 CPU 控制器电路的控制下进行的,各种时序均与时钟周期有关。

1. 时钟周期

时钟周期是单片机控制信号的最小时序单位,也称为节拍或拍,用 P 表示。它是内部时钟方式时晶体的振荡周期,或是外部时钟方式时振荡脉冲的周期。

2. 状态周期

一个状态周期包含两个时钟周期(拍),用 S 来表示,分为 P1 和 P2 两拍。P1 节拍通常完成算术逻辑操作,而内部寄存器间传送通常在 P2 节拍完成。

3. 机器周期

CPU 完成一个基本操作所需要的时间称为机器周期。单片机常把执行一条指令的过程分为几个机器周期。每个机器周期完成一个基本操作,如取指令、读或写数据等。

8051 系列单片机的一个机器周期包括 12 个时钟周期,分为 6 个状态(S1~S6),每个状态又分为 2 拍(P1 和 P2)。因此一个机器周期中的 12 个时钟周期表示为 S1P1,S1P2,…,S6P1,S6P2。

4. 指令周期

指令周期是 8051 系列单片机中最大的时序单位,是指完成一条指令所需要的时间。它以机器周期为单位,是机器周期的整数倍。8051 单片机的指令系统中,按长度可分为单字节指令、双字节指令和三字节指令。对于简单的单字节指令,取出指令立即执行,只需一个机器周期的时间;而对于复杂的指令,如转移、乘、除等,则需要两个或多个机器周期。

8051 单片机各种周期之间的关系如图 2-9 所示。

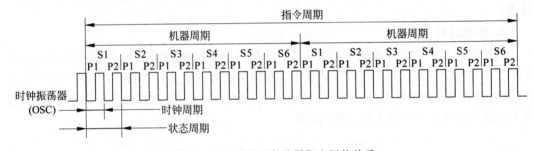

图 2-9　8051 单片机各种周期之间的关系

【例 2-1】　已知 8051 单片机外接时钟晶振频率 f_{osc} 为 12MHz,求其时钟周期、状态周期、机器周期、指令周期。

解:时钟晶体的振荡频率为 $f_{osc}=12MHz$,则

时钟周期 $T_{osc}=1/f_{osc}=83.3ns$。

状态周期$=2T_{osc}=166.7ns$。

机器周期$=12T_{osc}=1\mu s$。

指令周期为 $1\sim 4\mu s$。

2.6　MCS-51 单片机的复位

复位操作可使单片机初始化,也可以使因程序运行出错或操作错误而处于死机状态下的单片机重新启动,因此非常重要。单片机的复位都是靠外部复位电路来实现的,在时钟电路工作后,只要在单片机的 RESET 引脚上出现 24 个时钟振荡脉冲(两个机器周期)以上的高电平,单片机就能实现复位。为了保证系统的可靠性,在设计电路时,一般使 RESET 引脚保持 10ms 以上的高电平,单片机就可以可靠地复位。当 RESET 从高电平变为低电平

后,单片机从0000H地址开始执行程序。在复位有效期间,ALE 和 $\overline{\text{PSEN}}$ 引脚输出高电平。

2.6.1 MCS-51单片机的复位电路

为了保证系统可靠地复位,在设计复位电路时,一般使 RESET 引脚保持 10ms 以上的高电平。

1. 简单复位电路

简单复位电路有上电复位电路和按键复位电路两种,按键复位电路又分为按键电平复位电路和按键脉冲复位电路。不管是哪一种复位电路,都要保证在 RESET 引脚上提供 10ms 以上的稳定高电平。简单复位电路如图 2-10 所示。

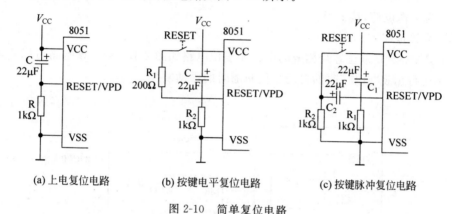

(a) 上电复位电路   (b) 按键电平复位电路   (c) 按键脉冲复位电路

图 2-10 简单复位电路

图 2-10(a)是常用的上电复位电路,上电复位利用电容充电来实现。当加电时,电容 C 充电,电路有电流流过,构成回路,在电阻 R 上产生压降,RESET 引脚为高电平;电容 C 充电完毕后,电路相当于断开,RESET 的电位与地相同,复位结束。可见复位的时间与充电的时间有关,充电时间越长,复位时间越长。增大电容或增大电阻可以增加复位时间。

图 2-10(b)是按键电平复位电路。其上电复位功能与图 2-10(a)相同,但他可以通过按键实现复位,按下按键后,通过 R1 和 R2 形成回路,使 RESET 端产生高电平。按键时间决定了复位时间。按键就是高电平,不按键就是低电平。

图 2-10(c)是按键脉冲复位电路。它利用 RC 微分电路在 RESET 端产生正脉冲来实现复位。在上述简单的复位电路中,干扰易串入复位端,在大多数情况下不会造成单片机的错误复位,但会引起内部某寄存器错误复位。这时在 RESET 复位引脚上接一个去耦电容。

2. 多功能复位电路

在实际应用系统中,为了保证复位电路可靠地工作,可采用专用的复位电路芯片。MAX813L 是 MAXIN 公司生产的一种体积小、功耗低、性价比高的带看门狗和电源监控功能的复位芯片,其引脚图如图 2-11 所示。

MR为手动复位输入端,低电平有效。当该端输入低电平保持 140ms 以上时,MAX813L 就输出复位信号。

RESET 为复位信号输出端。上电时,自动产生 200ms 的复位脉冲(高电平);手动复位端输入低电平

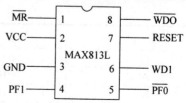

图 2-11 MAX813L 的引脚图

时,该端也产生复位信号输出。

WDI 为看门狗信号输入端。程序正常运行时,必须在小于 1.6s 的时间内向该输入端发送一个脉冲信号,以清除芯片内部的看门狗定时器。若超过 1.6s 该输入端收不到脉冲信号,则内部定时器溢出,$\overline{\text{WDO}}$端输出低电平。

$\overline{\text{WDO}}$为看门狗信号输出端。正常工作时输出保持高电平;看门狗输出时,输出信号由高电平变为低电平。

PFI 为电源故障输入端。当该端输入电压低于 1.25V 时,$\overline{\text{PFO}}$端输出低电平。

$\overline{\text{PFO}}$为电源故障输出端。电源正常时输出保持高电平;电源电压变低或掉电时,输出由高电平变为低电平。

VCC 为工作电源,接+5V。

GND 为接地端。

采用 MAX813L 复位芯片构成的多功能复位电路如图 2-12 所示,该电路可以实现自动复位、程序运行出现"死机"时的自动复位和随时的手动复位。

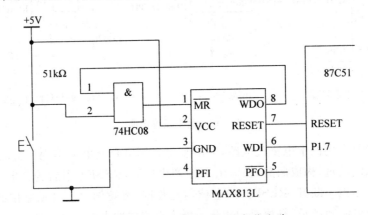

图 2-12 带手动复位的看门狗复位电路

为实现单片机死机时自动复位功能,需要在软件设计中由 P1.7 不断输出脉冲信号(时间间隔小于 1.6s),如果因某种原因单片机进入死循环,则 P1.7 无脉冲输出。于是 1.6s 后在 MAX813L 的$\overline{\text{WDO}}$端输出低电平,该电平加到$\overline{\text{MR}}$端,使 MAX813L 产生一个 200ms 的复位脉冲输出,使单片机有效复位,系统重新开始工作。

2.6.2 MCS-51 单片机的复位状态

计算机在启动时,系统进入复位状态。在复位状态下,CPU 和系统都处于一个确定的初始状态或原始状态,所有的专用寄存器被赋予默认值,寄存器的复位状态如表 2-6 所示。

表 2-6 寄存器复位状态

寄 存 器	复位状态	寄 存 器	复位状态
PC	0000H	TMOD	00H
ACC	00H	TCON	00H
B	00H	TH0	00H
PSW	00H	TL0	00H

寄 存 器	复 位 状 态	寄 存 器	复 位 状 态
SP	07H	TH1	00H
DPTR	0000H	TL1	00H
P0～P3	FFH	SCON	00H
IP	×××0 000B	SBUF	×××× ××××B
IE	0××0 0000B	PCON	0××× 0000B

由于单片机内部各功能部件均受特殊功能寄存器控制,各寄存器复位时的状态决定了单片机内部有关功能部件的初始状态。程序运行直接受程序计数器(PC)指挥,复位后,PC指向0000H,单片机从起始地址0000H开始执行程序。所以单片机运行出错或进入死循环时,可按复位键重新启动。

从表2-6可以看出,复位后,SP=07H,4个I/O端口P0～P3的引脚均为高电平。所以要充分考虑高电平对外部控制电路的影响,如果不想完全使用这些默认值,可以进行修改,这就要在程序中对单片机进行初始化。

2.7 MCS-51单片机的低功耗节电模式

1. 掉电保护

掉电保护主要是为了防止电源突然中断时丢失重要的数据。当然对于手持式设备来说,掉电保护也可以防止电源电压下降时的数据丢失。

(1)当检测到电源电压下降时,触发外部中断或在中断服务子程序中将外部RAM中的有用数据送入内部RAM中保存,然后对电源控制寄存器PCON进行设置。

(2)切换备用电源。备用电源只为单片机内部RAM和专用寄存器提供维持电流,使得有些重要的数据不会丢失,而整个外部电路则因为电源的中断而停止工作,时钟电路也停止,CPU也停止工作。

(3)当电源恢复的时候,备用电源还需要继续供电10ms左右,以保证外部电路达到稳定状态,首要的工作就是将保护的数据从内部RAM中恢复出来。

2. 低功耗设计

当单片机进入省电保持模式时,其内部时钟振荡器停止工作,CPU及其内部所有的功能部件均停止工作。但是,此时片内RAM和全部的特殊功能存储器的数据将可以被保存。单片机进入省电模式比较简单,执行程序中的设置PCON特殊功能寄存器相应位PD=1,系统便进入省电保护模式。

3. 休眠运行模式

当单片机进入休眠运行模式时,其内部时钟振荡器仍然运行,CPU被冻结,将不再工作。此时,和省电模式不同的是,单片机内部时钟信号仍然供给中断、串口、定时/计数器等。

单片机进入休眠运行模式比较简单,执行程序中的设置特殊功能寄存器PCON中的相应位IDL=1,系统便进入休眠运行模式。在休眠运行模式下,电压V_{cc}不会降低,但电流将会大大减少,起到降低功耗的作用。

本章小结

本章主要介绍了 MCS-51 单片机的内部硬件结构、外部引脚及功能、三总线结构、中央处理器(CPU)结构、存储器结构、特殊功能寄存器的功能、时钟与时序、复位电路以及低功耗节电模式等内容,为后续章节的应用设计打下基础。

思考题

2-1　MCS-51 单片机由哪几部分组成? 功能分别是什么?

2-2　MCS-51 单片机哪些信号需要使用引脚的第二功能?

2-3　MCS-51 单片机的内部存储空间是如何分配的?

2-4　MCS-51 单片机内部 RAM 的 128 个单元是如何划分的?

2-5　什么是堆栈? 堆栈有何作用? 为什么在程序初始化时要对 SP 进行重新赋值?

2-6　试述程序状态寄存器(PSW)各位的含义。

2-7　P0、P1、P2、P3 各口都有什么用途? 使用时要注意什么?

2-8　请说出指令周期、机器周期、状态和拍的概念,当晶体振荡频率为 12MHz 时,一个机器周期是多少?

2-9　什么是单片机复位? 复位后单片机的状态如何?

2-10　如何使单片机进入掉电保护方式?

## 第 3 章

C51 程序设计基础

在单片机应用系统的开发中,软件编程占有非常重要的地位。目前用于 MCS-51 系列单片机编程的 C 语言主要采用 Keil C51,简称 C51。C51 语言是在美国国家标准协会(ANSI)制定的 C 语言基础上针对 51 系列单片机的硬件特点进行的扩展。相比于传统的汇编语言,C51 语言在功能、结构、可读性、可维护性上有明显的优势,易学易用,大大提高了工作效率,缩短了项目开发周期。现在,C51 语言已经成为公认的高效、简洁的 51 单片机使用的高级编程语言。

3.1 C51 程序设计基础

C51 语言在标准 C 语言的基础上,根据单片机存储器的硬件结构及内部资源,扩展了相应的数据类型和变量,而 C51 在语法规定、程序结构与设计方法上都与标准 C 语言相同。本节在标准 C 语言基础上介绍 C51 数据类型和存储类型、C51 的基本运算与流程控制语句、C51 语言数据类型、C51 函数以及 C51 程序设计的其他一些问题,为 C51 的程序设计打下基础。

3.1.1 C51 的数据类型与存储类型

1. 数据类型

数据是单片机操作的对象,是具有一定格式的数字或数值,数据的不同格式就称为数据类型。C51 支持的基本数据类型如表 3-1 所示。

表 3-1 C51 支持的基本数据类型

数据类型	位　数	字　节　数	说　　明
signed char	8	1	−128～+127,有符号字符变量
unsigned char	8	1	0～255,无符号字符变量
signed int	16	2	−32 768～+32 767,有符号整型数
unsigned int	16	2	0～65 535,无符号整型数
signed long	32	4	−2 417 483 648～+2 417 483 647,有符号长整型数
unsigned long	32	4	0～4 294 967 295,无符号长整型数
float	32	4	−3.4e−38～+3.4e38

续表

数 据 类 型	位　　　数	字 节 数	说　　　明
double	32	4	在 C51 中等同于 float
*	24	1～3	对象指针
bit	1		0 或 1
sfr	8	1	0～255
sfr16	16	2	0～65 535
sbit	1		可进行位寻址的特殊功能寄存器的某位的绝对地址

2. C51 的扩展数据类型

下面对扩展的数据类型进行说明。

1）位变量 bit

bit 数据类型的值可以是 1(true)，也可以是 0(false)。

2）特殊功能寄存器 sfr

51 单片机的特殊功能寄存器分布在片内数据存储区的地址单元 80H～FFH，sfr 数据类型占用一个内存单元。利用它可以访问单片机内部所有的特殊功能寄存器。例如，sfr P1 = 0x90 这一语句定义了 P1 端口在片内的寄存器，在程序后续语句中可以用 P1 = 0xff 使 P1 的所有引脚输出为高电平之类的语句来操作特殊功能寄存器。

3）特殊功能寄存器 sfr16

sfr16 数据类型占用两个内存单元。sfr16 和 sfr 一样用于操作特殊功能寄存器，不同的是它用于操作占两个字节的特殊功能寄存器。例如，sfr16 DPTR = 0x82 语句定义了片内 16 位数据指针寄存器 DPTR，其低 8 位的字节地址为 82H，高 8 位的字节地址为 83H。在程序的后续语句中可以对 DPRT 进行操作。

4）特殊功能位 sbit

sbit 是指单片机内部特殊功能寄存器的可寻址位。例如：

```
sfr PSW = 0xd0;              /* 定义 PSW 寄存器地址为 0xd0 */
Sbit OV = PSW ^ 2            /* 定义 OV 位为 PSW.2 */
```

符号^前面是特殊功能寄存器的名字，^后面的数字定义特殊功能寄存器可寻址位在寄存器中的位置，取值必须是 0～7。

注意，不要把 bit 和 sbit 混淆。bit 用来定义普通的位变量，它的值只能是二进制的 0 或 1；而 sbit 定义的是特殊功能寄存器的可寻址位，它的值是可以进行位寻址的特殊功能寄存器的某位的绝对地址，如 PSW 寄存器 OV 位的绝对地址是 0xd2。

3. 数据存储类型

在讨论 C51 的数据类型时，必须同时提及它的存储类型以及它与 51 单片机存储器结构的关系。C51 完全支持 51 单片机硬件系统的所有部分。在 51 单片机中，程序存储器与数据存储器是完全分开的，且分为片内和片外两个独立的寻址空间，特殊功能存储器与片内 RAM 统一编址，数据存储器与 I/O 端口统一编址。C51 编译器通过把变量和常量定义成不同存储类型的方法将它们定义在不同的存储器中。C51 语言的存储类型与 8051 实际存储空间的对应关系如表 3-2 所示。

表 3-2　C51 语言的存储类型与 8051 实际存储空间的对应关系

存 储 区	存 储 类 型	与存储空间的对应关系
DATA	data	片内 RAM 直接寻址区,位于片内 RAM 的低 128B
BDATA	bdata	片内 RAM 位址区,位于 20H～2FH 空间,允许位访问与字节访问
IDATA	idata	片内 RAM 的 256B,必须是间接寻址的存储器
XDATA	xdata	片外 RAM 的全部空间,大小为 64KB,由 MOVX @DPTR 访问
PDATA	pdata	片外 RAM 的 256B,由 MOV @Ri 访问
CODE	code	程序存储区的 64KB 空间,使用 DPTR 寻址

1) 片内数据存储器

片内 RAM 可分为 3 个区域。

(1) DATA 区。该区寻址是最快的,应该把经常使用的变量放在该区,但是 DATA 区的存储空间是有限的,除了包含程序变量外,还包含了堆栈和寄存器组。DATA 区声明中的存储类型标识符为 data,通常指片内 RAM 的 128B 的内部数据存储的变量,可直接寻址。DATA 区变量声明举例如下:

```
unsigned char data system_status = 0;
unsigned int data unit_id[8];
char data inp_string[16];
```

标准变量和用户自定义变量都可以存储在 DATA 区中,只要不超过 DATA 区的范围即可。由于 C51 使用寄存器组来传递参数,这样 DATA 区至少失去了 8B 的空间。另外,当内部堆栈溢出的时候,程序会莫名其妙地复位。这是因为 51 单片机没有报错机制,堆栈的溢出只能以这种方式表现,因此要留有较大的堆栈空间来防止堆栈溢出。

(2) BDATA 区。该区是片内 RAM 中的位寻址区,在这个区中声明变量就可以进行位寻址。BDATA 区声明中的存储类型标识符为 bdata,指的是内部 RAM 可位寻址的 16B 存储区(字节地址为 20H～2FH)中的 128 位。C51 编译器不允许在 BDATA 区中声明 float 和 double 型变量。下面是在 BDATA 区声明位变量和使用位变量的例子:

```
unsigned char bdata status_byte;
unsigned int bdata status_word;
sbit stat_flag = status_byte^4;
if(status_word^15)
{ … }
stat_flag = 1;
```

(3) IDATA 区。该区使用寄存器作为指针来进行间接寻址,常用来存放使用得比较频繁的变量。与外部存储器寻址相比,IDATA 区寻址的指令执行周期和代码长度相对较短。IDATA 区声明中的存储类型标识符为 idata,指的是片内 RAM 的 256B 存储区,只能间接寻址,其速度比直接寻址慢。IDATA 区变量声明举例如下:

```
unsigned char idata system_status = 0;
unsigned int idata unit_id[8];
char idata inp_string[16];
float idata out_value;
```

2）片外数据存储器

PDATA 区和 XDATA 区位于片外数据存储区,这两个区声明中的存储类型标识符分别为 pdata 和 xdata。PDATA 区只有 256B,仅指定 256B 的外部数据存储区。但 XDATA 区最多可达 64KB,对应的 xdata 存储类型标识符可以指定外部数据区 64KB 内的任何地址。

对 PDATA 区的寻址要比对 XDATA 区寻址快,因为对 PDATA 区寻址只需要装入 8 位地址,而对 XDATA 区寻址要装入 16 位地址,所以要尽量把外部数据存储在 PDATA 区中。PDATA 区和 XDATA 区变量的声明举例如下:

```
unsigned char xdata system_status = 0;
unsigned int pdata unit_id[8];
char xdata inp_string[16];
float pdata out_value;
```

3）片外程序存储器

程序存储器 CODE 声明的标识符为 code,存储的数据是不可改变的。在 C51 编译器中可以用存储器类型标识符 code 来访问程序存储区。

声明举例如下:

```
unsigned char code LED[ ]  = {0xc0, 0xf9, 0xa4, 0xb0, 0x99, 0x92, 0x82, 0Xf8, 0x80, 0x90, 0x88,
0x83, 0xc6, 0xa1, 0x86, 0x8e}
```

对单片机编程时,正确地定义数据类型以及存储类型,是所有编程者在编程前首先要考虑的问题。在资源有限的情况下,如何节省存储单元并保证运行效率是对开发者的一个考验。上面的例子是八段共阳极数码管的真值表定义,因为这些数值固定不变,在数据存储空间有限的情况下,放到充裕的外部程序存储空间是个不错的选择。

对于定义变量的类型应考虑如下问题:程序运行时该变量可能的取值范围,是否有负值,绝对值多大,以及相应需要多少存储空间。在够用的情况下,尽量选择 8 位即一个字节 char 型,特别是 unsigned char 型。对于 51 系列单片机而言,浮点类型变量将明显增加运算时间和程序长度。在可能的情况下,尽量使用灵活巧妙的算法来避免浮点变量的引入。

定义数据的存储类型通常遵循如下原则:只要条件满足,尽量选择内部直接寻址的存储类型 data,然后选择 idata(即内部间接寻址)。对于那些经常使用的变量,要使用内部寻址,在内部数据存储器数量有限或不能满足要求的情况下才使用外部数据存储器。选择外部数据存储器可先选择 pdata 型,最后选用 xdata 型。

需要指出的是,扩展片外存储器在原理上虽很简单,但在实际开发中会带来不必要的麻烦,例如可能降低系统稳定性,增加成本,拉长开发和调试周期等,建议充分利用片内存储空间。另外,通常的单片机应用都是小型的控制应用,代码比较短,对于程序存储器的大小要求很低,常常是片内 RAM 很紧张而片内 Flash ROM 很富余,因此如果实时性要求不高可以考虑使用宏,并将一些子函数的常量数据做成数据表,放置在程序存储区,当程序运行时,进入子函数动态调用下载至 RAM 即可,退出子函数后立即释放该内存空间。

常量只能用 code 存储类型。变量存储类型定义举例如下:

char data a1;	/* 字符变量 a1 被定义为 data 型,分配在片内 RAM 低 128B 内 */
float idata x,y;	/* 浮点型变量 x 和 y 被定义为 idata 型,定位在片内 RAM 中,只能用间接寻址方式寻址 */
bit bdata p;	/* 位变量 P 被定义为 bdata 型,定位在片内 RAM 中的位寻址区 */
unsigned int pdata var1;	/* 无符号整型变量 var1 被定义为 pdata 型,定位在片外 RAM 中,相当于使用@Ri 间接寻址 */
unsigned char xdata a[2][4];	/* 无符号字符型二维数组变量 a[2][4] 被定义为 xdata 存储类型,定位在片外 RAM 中,占据 2×4=8B,相当于使用@DPTR 间接寻址 */

4. 数据存储模式

如果在变量定义时略去存储类型标识符,编译器会自动默认存储类型,即存储类型进一步由 SMALL、COMPACT 和 LARGE 存储模式指令限制。例如,若声明 char var1,则在 SMALL 存储模式下,var1 被定义在 DATA 存储区;在 COMPACT 模式下,var1 被定位在 IDATA 存储区;在 LARGE 模式下,var1 被定义在 XDATA 存储区。

在固定的存储器地址上进行变量的传递,是 C51 标准特征之一。在 SMALL 模式下,参数传递是在片内数据存储区中完成的。LARGE 和 COMPACT 模式允许参数在外部存储器中传递。C51 也支持混合模式。例如,在 LARGE 模式下,生成的程序可以将一些函数放入 SMALL 模式下,从而加快执行速度。

1) SMALL 模式

在本模式下所有变量都默认位于 51 单片机内部的数据存储器,这与使用 data 指定存储器类型的方式一样。本模式下变量访问的效率高,但所有的数据对象和堆栈必须使用内部 RAM。

2) COMPACT 模式

本模式下所有变量都默认在外部数据存储器的一页内,这与使用 pdata 指定存储器类型是一样的。该存储模式适用于变量不超过 256B 的情况,此限制由寻址方式决定,相当于用数据指针@Ri 进行寻址。与 SMALL 模式相比,该存储模式的效率比较低,对变量访问的速度慢一些,但比 LARGE 模式快。

3) LARGE 模式

在 LARGE 模式下,所有变量都默认位于外部数据存储器,相当于使用数据指针@DPTR 进行寻址。通过数据指针访问外部数据存储器的效率低,特别是变量为 2B 或更多字节时,该模式要比 SMALL 和 COMPACT 产生更多的代码。

3.1.2　C51 的特殊功能寄存器及位变量定义

下面介绍 C51 如何对特殊功能寄存器以及位变量进行定义并访问。

1. 特殊功能寄存器的 C51 定义

C51 语言允许使用关键字 sfr、sbit 或直接引用编译器提供的头文件来对特殊功能寄存器进行访问,特殊功能寄存器在片内 RAM 的高 128B,只能采用直接寻址方式。

1) 使用关键字 sfr 定义特殊功能寄存器

为了能直接访问特殊功能寄存器,C51 语言提供了一种定义方法,即引入关键字 sfr,语法如下:

```
sfr 特殊功能寄存器名字 = 特殊功能寄存器地址;
```

例如：

```
sfr IE = 0xA8;                    /*中断允许寄存器地址 A8H*/
sfr TCON = 0x88;                  /*定时/计数器控制寄存器地址 88H*/
sfr SCON = 0x98;                  /*串行口控制寄存器 98H*/
```

例如，要访问 16 位 SFR，可使用关键字 sfr16。16 位 SFR 的低字节地址必须作为 sfr16 的定义地址，例如：

```
sfr16 DPTR = 0x82;               /*数据指针 DPTR 的低 8 位地址为 82H，高 8 位地址为 0x83*/
```

2) 通过头文件访问 SFR

各种衍生型的 51 单片机的特殊功能寄存器的数量和类型有时是不相同的，对单片机特殊功能寄存器的访问可以通过头文件来进行。

为了用户处理方便，C51 语言把 51 单片机（或 52 单片机）常用的特殊功能寄存器和其中的可寻址位进行了定义，放在一个 reg51.h（或 reg52.h）的头文件中。当用户要使用时，只需在使用之前用一条预处理命令 #include <reg51.h> 把这个头文件包含到程序中，就可以使用特殊功能寄存器和其中的可寻址名称。用户可以通过文本编辑器对头文件进行增减。

头文件引用举例如下。

```
#include<reg51.h>                 /*51 型单片机的头文件*/
void main(void)
{   TL0 = 0xF0;                   /*给定时器 T0 低字节 TL0 设置时间常数，已在 reg51.h 中定义*/
    TH0 = 0x3F;
    TR0 = 1;                      /*启动定时器 0*/
    …
}
```

3) 特殊功能寄存器中的位定义

对 SFR 中的可寻址位进行访问时，要使用关键字来定义可寻址位，共有 3 种方法。

(1) 定义格式为

```
sbit 位名 = 特殊功能寄存器^位置;
```

例如：

```
sfr PSW = 0xD0;                   /*定义 PSW 寄存器的字节地址 0xD0H*/
sfr CY = PSW^7;                   /*定义 CY 为 PSW.7，地址为 0xD7H*/
sfr OV = PSW^2;                   /*定义 OV 为 PSW.2，地址为 0xD2H*/
```

(2) 定义格式为

```
sbit 位名 = 字节地址^位置;
```

例如：

```
sbit CY = 0xD0^7;                 /*CY 地址为 0xD7*/
sbit OV = 0xD0^2;                 /*OV 地址为 0xD2*/
```

（3）定义格式为

sbit 位名 = 位地址；

这种方法将位的绝对地址赋给变量，位地址必须为 0x80～0xFF，例如：

```
sbit CY = 0xD7;              / * CY 地址为 0xD7 * /
sbit OV = 0XD2;              / * OV 地址为 0xD2 * /
```

【例 3-1】 片内 I/O 口中 P1 口各寻址位的定义如下：

```
sfr P1 = 0x90;
sbit P1_7 = P1 ^ 7;
sbit P1_6 = P1 ^ 6;
sbit P1_5 = P1 ^ 5;
sbit P1_4 = P1 ^ 4;
sbit P1_3 = P1 ^ 3;
sbit P1_2 = P1 ^ 2;
sbit P1_1 = P1 ^ 1;
sbit P1_0 = P1 ^ 0;
```

2. 位变量的 C51 定义

1）位变量的定义

由于 51 单片机能进行位操作，C51 扩展的 bit 数据类型用来定义位变量，这是 C51 与标准 C 语言的不同之处。C51 采用关键字 bit 来定义位变量，一般格式为

bit 位变量名；

例如：

```
bit ov_flag;                 / * 将 ov_flag 定义为位变量 * /
bit lock_pointer;            / * 将 lock_pointer 定义为位变量 * /
```

2）包含类型为 bit 的参数的函数的定义

C51 程序函数可以包含类型为 bit 的参数，也可以将其作为返回值。例如：

```
bit func(bit b0,bit b1);     / * 将位变量 b0 和 b1 作为函数 func 的参数 * /
{    …
     return(b0);             / * 位变量 b0 作为函数的返回值 * /
     …
}
```

3）位变量定义的限制

位变量不能用来定义指针和数组，例如：

```
bit * ptr;                   / * 错误,不能用位变量来定义指针 * /
bit array[];                 / * 错误,不能用位变量来定义数组 array[ ] * /
```

在定义位变量时，允许定义存储类型，位变量都被放入一个位段，此段总是位于 51 单片机的片内 RAM 中，因此其存储类型限制为 data 或 idata，如果将位变量定义成其他类型，则会导致编译错误。

3.1.3 C51 的绝对地址访问

如何对 51 单片机的片内 RAM、片外 RAM 及 I/O 进行访问？C51 语言提供了两种常用的访问绝对地址的方法。

1. 绝对宏

C51 编译器提供了一组宏定义来对 CODE、DATA、PDATA 和 XDATA 空间进行绝对寻址。在程序中，用 #include < absacc. h >对 absacc. h 中声明的宏进行绝对地址访问，包括 CBYTE、CWORD、DBYTE、DWORD、XBYTE、XWORD、PBYTE、PWORD，具体使用方法参考 absacc. h 头文件。其中：

- CBYTE 以字节形式对 CODE 区进行寻址。
- CWORD 以字形式对 CODE 区进行寻址。
- DBYTE 以字节形式对 DATA 区进行寻址。
- DWORD 以字形式对 DATA 区进行寻址。
- XBYTE 以字节形式对 XDATA 区进行寻址。
- XWORD 以字形式对 XDATA 区进行寻址。
- PBYTE 以字节形式对 PDATA 区进行寻址。
- PWORD 以字形式对 PDATA 区进行寻址。

例如：

```
# include < absacc. h >
# define PORTA XBYTE[ 0xFFC0 ]      /* 将 PORTA 定义为外部 I/O 地址,地址为 0xFFC0,长度为 8 位 */
# define NRAM DBYTE[ 0x50 ]         /* 将 NRAM 定义为片内 RAM,地址为 0x50,长度为 8 位 */
```

【例 3-2】 片内 RAM、片外 RAM 及 I/O 定义的程序如下：

```
# include < absacc. h >
# define PORTA XBYTE[ 0xFFC0 ]
# define NRAM DBYTE[ 0x50 ]
main()
{    PORTA = 0x3D;                   /* 将数据 3DH 写入地址 0xFFC0 的外部 I/O 端口 PORTA */
     NRAM = 0x01;                    /* 将数据 01H 写入片内 RAM 的 0x50 地址单元 */
}
```

2. _at_ 关键字

使用关键字_at_可对指定的存储空间的绝对地址进行访问,格式如下：

[存储器类型] 数据类型说明符 变量名_at_地址常数

其中,存储器类型为 C51 语言能识别的存储类型；数据类型为 C51 支持的数据类型；地址常数用于指定变量的绝对地址,必须位于有效的存储空间之内；使用_at_定义的变量必须为全局变量。

【例 3-3】 使用关键字_at_实现绝对地址的访问,程序如下：

```
void main(void)
{    data unsigned char y1_at_0x50;        /* 在 DATA 区定义字节变量 y1,地址为 50H */
     xdata unsigned int y2_at_0x4000;      /* 在 XDATA 区定义字变量 y2,地址为 4000H */
```

```
    Y1 = 0xff;
    Y1 = 0x1234;
    …
    while(1);
}
```

【例 3-4】 将片外 RAM 从 2000H 开始的连续 20 个字节单元清零,程序如下:

```
xdata unsigned char buffer[20]_at_0x2000;
void main(void)
{   unsigned char i;
    for(i = 0;i < 20;i++)
    {   buffer[i] = 0;
    }
}
```

如果是把片内 RAM 从 40H 单元开始的 8 个单元内容清零,则程序如下:

```
data unsigned char buffer[8]_at_0x40;
void main(void)
{   unsigned char i;
    for(i = 0;i < 8;i++)
    {   buffer[i] = 0;
    }
}
```

3.1.4 C51 的基本运算

C51 语言的基本运算主要包括算术运算、逻辑运算、关系运算、位运算和赋值运算。

1. 算术运算

算术运算符及其说明如表 3-3 所示。

表 3-3 算术运算符及其说明

符　号	说　明	符　号	说　明
＋	加法运算	％	取模运算
－	减法运算	＋＋	自增
＊	乘法运算	－－	自减
/	除法运算		

读者对表 3-3 中的运算符＋、－、＊,运算比较熟悉,但是对于/和％往往会有疑问。这两个符号都涉及除法运算,但/是取商,而％是取余数。例如,5/3 的结果是 1,而 5％3 的结果是 2。

表 3-3 中的自增和自减运算符是使变量自动加 1 或自动减 1,自增和自减运算符放在变量前和变量之后是不同的:

- ＋＋i,－－i:在使用 i 前,先使 i 值加 1 或减 1。
- i＋＋,i－－:在使用 i 后,再使 i 值加 1 或减 1。

例如：

若 i＝4，则执行 x＝＋＋i 时，先使 i＋1，再引用结果，即 x＝5，运算结果为 i＝5，x＝5。

若 i＝4，则执行 x＝i＋＋时，先引用 i 值，即 x＝4，再使 i 加 1，运算结果为 i＝5，x＝4。

2. 逻辑运算

逻辑运算符及其说明如表 3-4 所示。

表 3-4 逻辑运算符及其说明

符　号	说　明	符　号	说　明
&&	逻辑与	!	逻辑非
||	逻辑或		

3. 关系运算

关系运算符用于判断两个数之间的关系。关系运算符及其说明如表 3-5 所示。

表 3-5 关系运算符及其说明

符　号	说　明	符　号	说　明
>	大于	<=	小于或等于
<	小于	==	等于
>=	大于或等于	!=	不等于

4. 位运算

位运算符及其说明如表 3-6 所示。

表 3-6 位运算符及其说明

符　号	作　用	符　号	作　用
&	位与	~	位取反
|	位或	<<	位左移
^	位异或	>>	位右移

在实际的控制应用中，常常需要改变 I/O 口中某一位的值，而不影响其他位，如果 I/O 口是可以位寻址的，这个问题就很简单。但有时外扩的 I/O 口只能进行字节操作，因此想在这种场合下实现单独的位控制，就要采用位操作。

【例 3-5】 编写程序将扩展的某 I/O 口 PORTA（只能字节操作）的 PORTA.5 置 0，PORTA.1 置 1，程序如下：

```
# include<absacc.h>
# define PORTA XBYTE[0xFFC0]
void main()
{    …
    PORTA = (PORTA&0xDF)|0x02;        /* 和 0 相与得 0，和 1 相或得 1 */
    …
}
```

上面的程序段中，第 1 行定义了一个片外 I/O 变量 PORTA，其地址为片外数据存储区

的 0xFFC0。在 main 函数中,PORTA=(PORTA&0xDF)|0x02;的作用是:先用运算符 &
将 PORTA.5 置 0,然后利用运算符将 PORTA.1 置 1。

5. 赋值、指针和取地址运算符

指针是 C 语言中一个十分重要的概念,将在后面介绍。在这里,先了解 C 语言中提供
的赋值、指针和取地址运算符,如表 3-7 所示。

取内容和取地址的一般形式为

变量 = * 指针变量
指针变量 = & 目标变量

赋值运算是将指针变量所指向的目标变量的值赋
给左边的变量,取地址运算是将目标变量的地址赋给
左边的变量。注意,指针变量只能存放地址,也就是指
针型数据,一般情况下,不要把指针型数据赋值给一个
指针变量。

表 3-7　赋值、指针和取地址运算符
及其说明

符　号	作　用
=	赋值
*	指针
&	取地址

3.1.5　C51的分支与循环程序结构

在 C51 中有 3 种程序结构,即顺序、分支和循环结构。顺序结构是程序自上而下,从
main 函数开始一直到程序结束,程序只有一条路可走,没有其他的路径可以选择。顺序结
构比较简单和容易理解,这里仅介绍分支结构和循环结构。

1. 分支控制语句

实现分支控制的语句有 if 和 switch 语句。

1) if 语句

if 语句用来判定所给定条件是否满足,根据判定结果决定执行两种操作之一。

if 语句的基本结构如下:

if(表达式) {语句}

小括号中的表达式成立时,程序执行大括号中的语句,否则程序跳过大括号中的语句部
分,而直接执行下面的其他语句。

C51 提供了 3 种形式的 if 语句:

(1) 形式 1。

if(表达式) {语句;}

例如:

if(x>y) {max = x;min = y;}

即如果 x>y,则 x 赋值给 max,y 赋值给 min。如果 x>y 不成立,则不执行大括号中的赋值
运算。

(2) 形式 2。

if(表达式) {语句 1;} else {语句 2;}

例如:

```
if(x > y){max = x;}
else {max = y;}
```

本形式相当于双分支选择结构。

（3）形式 3。

```
if(表达式) {语句 1;}
else if(表达式) {语句 2;}
else if(表达式) {语句 3;}
 ⋮
else {语句 n;}
```

例如：

```
if(x > 100){y = 1;}
else if(x > 50){y = 2;}
else if(x > 30){y = 3;}
else if(x > 20){y = 4;}
else {y = 5;}
```

本形式相当于串行多分支选择结构。

在 if 语句中又包含一个或多个 if 语句，这称为 if 语句的嵌套。应当注意 if 与 else 的对应关系，else 总是与它前面最近的一个 if 语句相对应。

2）switch 语句

if 语句只有两个分支可供选择，而 switch 语句是多分支语句，其一般形式如下：

```
switch(表达式 1)
{    case 常量表达式 1: {语句 1;} break;
     case 常量表达式 2: {语句 2;} break;
      ⋮
     case 常量表达式 n: {语句 n;} break;
     default: {语句 n + 1;}
}
```

上述 switch 语句的说明如下：

（1）每一个 case 的常量表达式必须是互不相同的，否则将出现混乱。

（2）每个 case 和 default 出现的次序不影响程序执行的结果。

（3）switch 括号内表达式的值与某 case 后面的常量表达式的值相同时，就执行它后面的语句，遇到 break 语句则退出 switch 语句。若所有 case 中的常量表达式都没有与 switch 语句表达式相匹配时，就执行 default 后面的语句。

（4）如果在 case 语句中遗忘了 break 语句，则程序执行了本行之后，不会按规定退出 switch 语句，而是执行后续的 case 语句。在执行一个 case 分支后，要使流程跳出 switch 结构，即中止 switch 语句的执行，可以用一条 break 语句完成。switch 语句的最后一个分支不添加 break 语句，结束后直接退出 switch 结构。

【例 3-6】 在单片机程序设计中，常用 switch 语句作为键盘中按键按下的判别，并根据按下的键号跳向各自的分支处理程序。

```
input: keynum = keyscan()
switch(keynum)
{    case 1: key1();break;                    /*如果按下键的键值为1,则执行函数key1()*/
     case 2: key2();break;                    /*如果按下键的键值为2,则执行函数key2()*/
     case 3: key3();break;                    /*如果按下键的键值为3,则执行函数key3()*/
     case 4: key4();break;                    /*如果按下键的键值为4,则执行函数key4()*/
         ⋮
     default: goto input
}
```

例子中的 keyscan()是另行编写的一个键盘扫描函数,如果有键按下,该函数就会得到按下按键的键值,将键值赋予变量 keynum。如果键值为1,则执行键值处理函数 key1()后返回;如果键值为4,则执行键值处理函数 key4()后返回;执行完一个键值处理函数后,则跳出 switch 语句,从而达到按下不同的按键来进行不同的键值处理的目的。

2. 循环控制语句

许多实用程序都包含循环结构,熟练掌握和运用循环结构的程序设计是 C51 语言程序设计的基本要求。

实现循环结构的语句有以下3种：while 语句、do-while 语句和 for 语句。

1) while 语句

while 语句的语法形式为

```
while(表达式)
{    循环体语句;
}
```

表达式是 while 循环能否继续的条件,如果表达式为真,就重复执行循环体语句;反之,终止循环体语句。

while 循环结构的特点在于,循环条件的测试在循环体的开头,要想执行重复操作,首先必须进行循环条件的测试,如条件不成立,则循环体的语句一次都不能执行。

例如：

```
while(P1&0x80 == 0)
{ … }
```

while 中的条件语句对单片机的 P1 口进行测试,如果 P1.7 为低电平(0),由于循环体无实际操作语句,故继续测试下去(等待),一旦 P1.7 的电平变高(1),则循环终止。

2) do-while 语句

do-while 语句的语法形式为

```
do
{    循环体语句;
}
while(表达式);
```

do-while 语句的特点是：先执行内嵌的循环语句,再计算表达式,如果表达式的值为非0,则继续执行循环体语句,直到表达式为0时结束循环。

由 do-while 构成的循环与 while 循环十分相似,它们之间的重要区别是：while 循环的控制出现在循环体之前,只有当 while 后面的表达式的值为非 0 时,才能执行循环体;在 do-while 构成的循环中,总是先执行一遍循环体,然后再求表达式的值,因此无论表达式的值是 0 还是非 0,循环体至少要被执行一次。

和 while 循环一样,在 do-while 循环体中,要有能使 while 后表达式的值为 0 的操作,否则循环会无限制地进行下去。根据经验,do-while 循环用得并不多,大多数的循环用 while 来实现。

【例 3-7】 实型数组 sample 存有 10 个采样值,编写程序段,要求返回其平均值(平均值滤波)。程序如下:

```
float avg(float * sample)
{   float sum = 0;
    char n = 0;
    do
    {   sum += sample[n];
        n++;
    }while(n<10);
    return(sum/10);
}
```

3) 基于 for 语句的循环

在这 3 种循环中,经常使用的是 for 语句构成的循环。它不仅可以用于循环次数已知的情况,还可以用于循环次数不确定而只给出循环条件的情况,它完全可替代 while 语句。

for 循环的一般格式为

```
for(表达式 1;表达式 2;表达式 3)
{循环体语句;}
```

for 是 C51 的关键字,其后的括号中通常有 3 个表达式,各表达式之间用";"隔开。这 3 个表达式可以是任意形式的表达式,通常主要用于 for 循环的控制。紧跟在 for()之后的循环体在语法上要求是一条语句;若在循环体内需要多条语句,应该用大括号括起来组成复合语句。

for 的执行过程如下:

(1) 计算表达式 1,表达式 1 通常为初值设定表达式。

(2) 计算表达式 2,表达式 2 通常为终值表达式,若满足条件,转下一步,若不满足条件,则转步骤(5)。

(3) 执行一次 for 循环体。

(4) 计算表达式 3,表达式 3 通常称为更新表达式,转向步骤(2)。

(5) 结束循环,执行 for 循环之后的语句。

下面对 for 语句的几个特例进行说明。

(1) for 语句中的小括号的 3 个表达式全为空。

```
for(;;)
{循环体语句;}
```

它的作用相当于一个 while(1)，这将导致一个无限循环。在编程时，如果需要无限循环，则可采用这种形式的 for 循环语句。

（2）for 语句的 3 个表达式中，表达式 1 为空。

例如：

```
for(;i<=100;i++) sum = sum+i;
```

即不对 i 设初值。

（3）for 语句的 3 个表达式中，表达式 2 为空。

例如：

```
for(i=1;;i++) sum = sum+i;
```

即不判断循环条件，认为表达式始终为真，循环将无休止地进行下去。

（4）for 语句的 3 个表达式中，表达式 1、表达式 3 为空。

例如：

```
for(;i<100;)
{    sum = sum+i;
i++;
}
```

（5）没有循环体的 for 语句。

例如：

```
int a = 1000;
for(t=0;t<a;t++)
{;}
```

本例的一个典型应用就是软件延时。

在程序设计中，经常用到时间延迟，可用循环机构来实现，即循环执行指令，消磨一段已知的时间。51 单片机指令的执行时间就是靠一定数量的时钟周期来计时的，如果使用 12MHz 晶振，则 12 个时钟周期花费的时间为 $1\mu s$。

【例 3-8】　编写一个延时 1ms 程序。

```
void delay_ms(unsigned char int j)
{    unsigned char i;
    while(j--)
    { for(i=0;i<125;i++)
        {;}
    }
}
```

如果把上述程序编译成汇编语言代码进行分析，用 for 进行的内部循环大约延时 $8\mu s$，但不是特别精确。不同编译器会产生不同的延时，因此 i 的上限值 125 应根据实际情况进行补偿调整。

【例 3-9】　无限循环的结构实现。

编写无限循环程序段，可使用以下 3 种结构。

（1）使用 while(1)结构：

```
while(1)
{    循环体；
}
```

（2）使用 for(;;)结构。

```
for(;;)
{    循环体；
}
```

（3）使用 do-while 结构。

```
do
{    循环体；
} while(1);
```

3. break 语句、continue 语句和 goto 语句

在循环体语句执行过程中，如果在满足循环判定条件的情况下跳出代码段，可以使用 break 语句或 continue 语句；如果要从任意地方跳转到代码的某个地方，可以使用 goto 语句。

1）break 语句

前面已介绍过 break 语句可以跳出 switch 循环体。在循环结构中，可应用 break 语句跳出循环体，从而马上结束循环。

2）continue 语句

continue 语句的作用及用法与 break 语句类似，区别在于：当前循环遇到 break 时，是直接结束循环；若遇到 continue，则是停止本次循环，然后直接尝试下一次循环。

可见，continue 并不结束整个循环，而仅仅是中断本次循环，然后跳到循环条件处，继续下一次循环。当然，如果跳到循环条件处，发现条件已不成立，那么循环也会结束。

3）goto 语句

goto 语句是一个无条件转移语句，当执行 goto 语句时，将程序指针跳转到 goto 给出的代码行。基本格式如下：

```
goto 标号
```

【例 3-10】　计算正数 1～100 的累加值，存放在 sum 中。

```
void main(void)
{    unsigned char i;
     int sum;
     sumadd:
         sum = sum + i;
         if(i < 101)
         {    goto sumadd;
         }
}
```

goto 语句在 C51 中经常用于无条件跳转到某条必须执行的语句以及用于在死循环程

序中退出循环。为了方便阅读，也为了避免跳转时引发错误，在程序设计中要谨慎使用
goto 语句。

3.1.6　C51 的数组

在单片机的 C51 程序设计中，数值使用得较为广泛。

1. 数组简介

数组是同类数据的一个有序集合，用数组名来标识。整型变量的有序集合称为整形数
组，字符型变量的有序集合称为字符型数组。数组中的数据称为数组元素。

数组中各元素的顺序用下标表示，下标为 n 的元素可以表示为"数组名$[n]$"。改变$[]$中
的下标就可以访问数组中的所有元素。

数组有一维、二维、三维和多维数组之分。C51 中常用一维、二维数组和字符数组。

1）一维数组

具有一个下标的数组元素组成的数组称为一维数组，一维数组的形式如下：

类型说明符 数组名[元素个数]；

其中，数组名是一个标识符，元素个数是一个常量表达式，不能是含有变量的表达式。例如：

int array1[8]

定义了一个名为 array1 的数组，该数组含有 8 个整型元素。在定义数组时，可以对数组进
行初始化，若定义后对数组赋值，则只能对每个元素分别赋值。例如：

```
int a[3] = {2,4,6};        /* 给全部元素赋值,a[0] = 2, a[1] = 4, a[2] = 6 */
int b[4] = {5,4,3,2};      /* 给全部元素赋值,b[0] = 5, b[1] = 4, b[2] = 3,b[3] = 2 */
```

2）二维数组或多维数组

具有两个（或两个以上）下标的数组称为二维数组（或多维数组）。

定义二维数组的一般形式如下：

类型说明符 数组名[行数][列数]；

其中，数组名是一个标识符，行数和列数都是常量表达式。例如：

```
float array2[3][4]          /* array2 数组,有 3 行 4 列共 12 个浮点型元素 */
```

二维数组可以在定义时进行整体初始化，也可在定义后单个进行赋值。例如：

```
int a[3][4] = {1,2,3,4},{5,6,7,8},{9,10,11,12};/* a 数组整体初始化 */
int b[3][4] = {1,3,5,7},{2,4,6,8},{};          /* b 数组部分初始化,未初始化的元素为 0 */
```

3）字符数组

若一个数组的元素是字符型的，则该数组就是一个字符数组。例如：

```
char a[10] = {'N', 'I', 'N', 'G', ' ', 'X', 'I', 'A', '\0'};  /* 字符串数组 */
```

定义了一个字符型数组 a[]，有 10 个数组元素，并且将 9 个字符（其中包含一个字符串结束
标志'\0'）分别赋给了 a[0]～a[8]，剩余的 a[9]被系统自动赋予空格字符。

C51 还允许用字符串直接给字符数组置初值。例如：

```
char a[10] = {"NING XIA"};
```

用双引号括起来的一串字符称为字符串常量,C51 编译器会自动地在字符串末位加上结束符'\0'。

用单引号括起来的字符表示该字符的 ASCII 码值,而不是字符本身。例如,'a'表示 a 的 ASCII 码值 61H。而"a"表示一个字符串,由两个字符 a 和'\0'组成。

一个字符串可以用一维数组存储,但数组的元素数目一定比字符数多一个,以便 C51 编译器自动在其后面加入结束符'\0'。

2. 数组的应用

在 C51 程序设计中,数组一个非常有用的功能就是查表。对于数学运算,编程者更愿意采用查表计算而不是公式计算。例如,对于传感器的非线性转换需要进行补偿,使用查表法就有效得多。再如,LED 显示程序中根据要显示的数值,找到相应的显示段码送到 LED 显示器显示。表可以事先计算好后装入程序存储器中。

【例 3-11】 使用查表法,计算 0~9 的平方。

```
#define uchar unsigned char
uchar code square[] = [0,1,4,9,16,25,36,49,64,81];
/*0~9 的平方表,在程序存储器中*/
uchar function(uchar number)          /*function 函数定义*/
{   return square[number];   }        /*返回平方值*/
main()
{   result = function(7);             /*函数 function 实参为 7,其平方 49 存入 result 单元*/
}
```

在程序的开始处,uchar code square[] = [0,1,4,9,16,25,36,49,64,81];定义了一个无符号字符型的数组 square[],并对其进行了初始化,将数 0~9 的平方值赋予数组 square[],类型代码 code 指定编译器将平方表存储在程序存储器中。主函数调用函数 function(),此时 function(7)的结果就是返回 square 这个数组下标为 7 的第 8 个元素 49。赋值给 result 后,result 的结果就是 49。

3. 数组与存储空间

当程序中设定了一个数组时,C51 编译器会在系统的存储空间中开辟一个区域,用于存放数组中的内容。数组就包含在这个由连续存储单元组成的模块的存储体内。字符数组占据了存储空间中一连串的字节位置,整型(int)数组在存储空间占据一连串连续的字节对的位置,长整型(long)数组或浮点型(float)数组的一个成员占有 4B 的存储空间。

当一维数组被创建时,C51 编译器就会根据数组的类型在内存中开辟一块大小等于数组长度乘以数据类型长度(即类型占有的字节数)的区域。

对于二维数组 $a[m][n]$ 而言,其存储顺序是按行存储,即,先存第 0 行元素的第 0 列、第 1 列、第 2 列,直至第 $n-1$ 列,然后存第 1 行元素的第 0 列、第 1 列、第 2 列,直至第 $n-1$ 列,以此类推,直到第 $m-1$ 行的第 $n-1$ 列。

当数组特别是多维数组中大多数元素没有被有效利用时,就会浪费大量的存储空间。对于 51 单片机,没有大量的存储区,其存储资源极为有限,因此在进行 C51 程序开发时,要根据需要仔细选择数组的大小。

3.1.7　C51 的指针

C51 支持基于存储器的指针和一般指针两种类型的指针。当定义一个指针变量时，若未给出它所指向的对象的存储类型，则指针变量被认为是一般指针；反之，若给出了它所指向对象的存储类型，则该指针被认为是基于存储器的指针。

基于存储器的指针类型由 C51 语言源代码中的存储类型决定，用这种指针可以高效地访问对象，且只需 1～2 字节。

一般指针占用 3 个字节：1 个字节为存储类型，2 个字节为偏移量。存储类型决定了对象所用的 8051 的存储空间，偏移量指向实际地址。一个一般指针可以访问任何变量而不管它在 8051 存储器中的位置。

1. 基于存储器的指针

在定义一个指针时，若给出了它所指对象的存储类型，则该指针是基于存储器的指针。基于存储器的指针以存储类型为变量，在编译时才被确定。因此，地址选择存储器的方法可以省略，这些指针的长度可为 1 个字节（idata * ，data * ，pdata * ）或 2 个字节（code * ，xadta * ）。在编译时，这类操作一般被"内嵌"编码，无须进行库调用。

基于存储器的指针定义举例：

```
char xdata px * ;
```

在 XDATA 存储器中定义一个指向字符类型 char 的指针。指针自身在默认的存储区，长度为 2 字节，值为 0～0xFFFF。再看下一个例子：

```
char xdata * data pdx;
```

除了明确定义指针位于 8051 内部存储器 DATA 外，其他与上例相同，它与编译模式无关。再看一个例子：

```
data char xdata * pdx;
```

本例与上例完全相同。存储类型定义既可以放在定义的开头，也可以直接放在定义的对象之前。

C51 语言的所有数据类型和 8051 的存储器类型相关。所有用于一般指针的操作同样可用于基于存储器的指针。

基于存储器的指针定义举例如下：

```
char xdata * px;       /* px 指向一个存在片外 RAM 的字符变量,px 本身在默认的存储器中,由编译模
                          式决定,占用 2 字节 */
char xdata * data py;   /* py 指向一个存在片外 RAM 的字符变量,py 本身在 RAM 中,与编译模式无
                          关,占用 2 字节 */
```

2. 一般指针

在函数的调用中，函数的指针参数需要用一般指针。一般指针的说明形式如下：

```
数据类型 * 指针变量;
```

例如：

```
char * pz;
```

这里没有给出 pz 所指变量的存储类型，pz 处于编译模式的默认存储区，长度为 3 个字节。一般指针包括 3 个字节：2 个字节偏移和 1 个字节存储类型，如表 3-8 所示。

其中，第一个字节代表指针的存储器类型，存储器类型的编码如表 3-9 所示。

表 3-8 一般指针

地　　址	存 储 内 容
+0	存储器类型
+1	偏移量高位
+2	偏移量低位

表 3-9 存储器类型编码

存储器类型	编 码 值
idata/data/bdata	0x00
xdata	0x01
pdata	0xFE
Code	0xFF

例如，以 xdata 类型的 0x1234 地址作为指针可表示成如表 3-10 所示。

当常数作为指针时，须注意正确定义存储器类型和偏移量。

例如，将常数值 0x41 写入地址 0x8000 的外部数据存储器：

表 3-10 0x1234 的表示

地　　址	存 储 内 容
+0	0x01
+1	0x12
+2	0x34

```
#define XBYTE((char * )0x10000L)
XBYTE[0x8000] = 0x41;
```

其中，XBYTE 被定义为(char *)0x10000L,0x10000L 为一般指针，其存储类型为 0x01，偏移量为 0000。这样，XBYTE 成为指向 xdata 零地址的指针，而 XBYTE[0x8000]则是外部存储器 0x8000 的绝对地址。

C51 编译器不检查指针常数，用户必须选择有实际意义的值。利用指针变量可以对内存地址直接操作。

3.2 C51 的函数

3.2.1 函数的分类

一个 C51 源程序是由一个个模块化的函数所构成的，函数是指程序中的一个模块，main 函数为程序的主函数，其他若干个函数可以理解为一些子程序。一个 C51 源程序无论包含了多少函数，都是从 main 函数开始执行的，不论 main 函数位于程序的什么位置。程序设计者就是编写一系列的函数模块，并在需要的时候调用这个函数，实现程序所要求的功能。

从结构上分，C51 语言函数可分为主函数 main 和普通函数两种。而普通函数又划分为两种：标准库函数和用户自定义函数。

1. 标准库函数

标准库函数是由 C51 编译器提供的。编程者在进行程序设计时，应该善于充分利用这些功能强大、资源丰富的标准库资源，以提高编程效率。

用户可以直接调用 C51 库函数而不需为该函数写任何代码，只需要包含具有该函数说

明的头文件即可。例如调用输出函数 printf 时,要求程序在调用输出函数前包含以下的 include 命令:

```
# include < stdio. h >
```

2. 用户自定义函数

用户自定义函数是用户根据需要编写的函数。从函数定义的形式分为无参函数、有参函数和空函数。

1) 无参函数

无参函数在被调用时,既无参数输入,也不返回结果给调用函数,只是为完成某种操作而编写的函数。

无参函数定义形式为

```
返回值类型标识符 函数名()
{   函数体;
}
```

无参函数一般不带返回值,因此函数的返回值类型的标识符可省略。

例如,main 函数为无参函数,返回值类型的标识符可以省略,默认是 int 类型。

2) 有参函数

调用有参函数时,必须提供实际的输入参数。有参函数的定义形式为

```
返回值类型标识符 函数名(形式参数列表)
形式参数说明
{   函数体;
}
```

【例 3-12】 定义一个函数 max,用于求两个数中的大数。

```
int a,b;
int max(a,b)
{   if(a > b)return a;
    else return b;
}
```

上面的程序中,a、b 为形式参数,return 为返回语句。

3) 空函数

空函数体内是空白的,调用空函数时,什么工作也不做,不起任何作用。定义空函数的目的并不是为了执行某种操作,而是为了以后程序功能的扩充。先将一些基本模块的功能函数定义成空函数,占好位置,并写好注释,以后再用一个编好的函数代替它。这样整个程序结构清晰,可读性好,以后扩充新功能方便。空函数的定义形式为

```
返回值类型标识符 函数名()
{   }
```

例如:

```
float min()
{   }                              / * 空函数,占好位置 * /
```

3.2.2 函数的参数与返回值

1. 函数的参数

C语言可以在函数之间传递参数,使一个函数能对不同的变量进行功能相同的处理,从而大大提高了函数的通用性与灵活性。

函数之间的参数传递由主函数调用时主调函数的实际参数与被调函数的形式参数之间进行参数传递来实现。被调函数的最后结果由被调函数的return语句返回给主调函数。

函数的参数包括形式参数和实际参数。

1)形式参数

函数的函数名后面括号的变量名称为形式参数,简称形参。

2)实际参数

在函数调用时,主调函数后面括号里的表达式是实际参数,简称实参。

在C语言的函数调用中,实际参数与形式参数之间的数据传递是单向的,只能由实际参数传递给形式参数,而不能由形式参数传递给实际参数。

实参与形参必须类型一致,否则会发生类型不匹配的错误。被调函数的形参在函数未调用之前并不占用实际内存单元。只有当函数调用发生时,被调函数的形式参数才分配给内存单元,此时内存单元中主函数的实际参数和被调函数的形式参数位于不同的单元。在调用结束后,形式参数所占用的内存被系统释放,而实际参数所占用的内存单元保留并维持原值。

2. 函数的返回值

函数的返回值是通过函数中的return语句获得的。一个函数可以有一个以上的return语句,但两个或两个以上的return语句必须在选择结构(if或switch)中使用,因为被调函数只能返回一个变量。

函数返回值的类型一般在定义函数时由返回值的标识符来指定。例如在函数名之前的int指定函数的返回值的类型为整型(int)。若没有指定函数的返回值类型。默认返回值为整形。当函数没有返回值时,则使用标识符void进行说明。

3.2.3 函数的调用

在一个函数中需要用到另一个函数的功能时,就调用该函数。调用者称为主调函数,被调用者称为被调函数。

1. 函数调用的一般形式

函数调用的一般形式为

函数名（实际参数列表）;

若被调函数是有参函数,则主调函数必须把被调函数所需的参数传递给被调函数。传递给被调函数的数据称为实际参数,简称实参,必须与形参在数量、类型和顺序上都一致。实参可以是常量、变量和表达式。实参对形参的数据传递是单向的,即数据只能由实参传递给形参。

2. 函数调用的方式

主调函数对被调函数的调用有以下3种方式。

（1）函数调用语句把被调函数的函数名作为主调函数的一个语句。例如：

print_message();

此时，并不要求函数返回结果数值，只要求函数完成某种操作。

（2）函数调用结果作为表达式的一个运算对象。例如：

result = 2 * gcd(a,b);

被调函数以一个运算对象出现在表达式中。这要求被调函数带有 return 语句，以便返回一个明确的数值参加表达式的运算。被调函数 gcd 为表达式的一部分，它的返回值乘 2 再赋给变量 result。

（3）函数调用结果作为另一个函数的实际参数。例如：

m = max(a,gcd(u,v));

其中，gcd(u,v)是一次函数调用，它的值作为另一个函数 max 的实际参数之一。

3. 对调用函数的说明

在一个函数调用另一个函数时，须具备以下条件：

（1）被调用函数必须是已经存在的函数（库函数或用户定义的函数）。

（2）如果函数程序中使用了库函数，或使用了不在同一文件中的其他自定义函数，则应该在程序的开头处使用 ♯ include 将所有的函数信息包含到程序中来。例如 ♯ include <stdio.h>将标准的输入输出头文件 stdio.h 包含到程序中。在程序编译时，系统会自动将函数库中的有关函数调入程序中，编译出完整的程序代码。

（3）如果程序中使用了自定义函数，且该函数与调用它的函数在同一个文件中，则应根据主调函数与被调函数在文件中的位置，决定是否对被调函数作出说明。如果被调函数在主调函数之后，一般应在主调函数中，在被调函数调用之前，对被调函数的返回值类型作出说明。如果被调函数出现在主调函数之前，不用对被调函数作说明。如果在所有函数定义之前，在文件的开头处，在函数的外部已经说明了函数的类型，则主调函数中不必对被调函数返回值类型进行说明。

3.2.4　中断服务函数

由于标准 C 语言没有处理单片机中断的定义，为直接编写中断服务程序，C51 编译器对函数的定义进行了扩展，增加了一个扩展关键字 interrupt，使用该关键字可以将一个函数定义成中断服务函数。由于 C51 编译器在编译时对声明为中断服务程序的函数自动添加了相应的现场保护、阻断其他中断、返回时自动恢复现场等处理的程序段，因而在编写中断服务函数时可不考虑这些问题，减轻了用汇编语言编写中断服务函数的烦琐程度，而把精力放在如何处理引发中断请求的事件上。

中断服务函数的一般形式为

函数类型 函数名(形式参数表)interrupt n using n

关键字 interrupt 后面的 n 是中断号，对于 MCS-51 系列单片机来说，取值为 0~4，编译器从 $8n+3$ 处产生中断向量。MCS-51 系列单片机中断源对应的中断号和中断向量见

表 3-11。

表 3-11　中断源对应的中断号和中断向量

中　断　源	中　断　号	中断向量 $8n+3$
外部中断 0	0	0003H
定时/计数器 0	1	000BH
外部中断 1	2	0013H
定时/计数器 1	3	00B3H
串行口	4	0023H

关键字 using 后面的 n 是所选择的寄存器组号。在定义一个函数时，using 是一个选项，可以省略。如果不选用该项，则由编译器选择一个寄存器区作为绝对寄存器区访问。

例如，外部中断 1 的中断服务函数书写如下：

```
void int1() interrupt 2 using 0      / * 中断号 n = 2,选择 2 号寄存器组 * /
```

3.2.5　变量及存储方式

1. 变量

变量根据其有效范围分为局部变量和全局变量。

1）局部变量

局部变量是在某一个函数中存在的变量，它只在该函数内部有效。

2）全局变量

全局变量是在整个源文件中都存在的变量。有效区间是从定义点开始到源文件结束，其中所有的函数都可以直接访问该变量。如果定义前的函数需要访问该变量，则需要使用 extern 关键字对其进行说明；如果全局变量声明文件之外的源文件需要访问该变量，也需要使用 extern 关键字对其进行说明。

由于全局变量一直存在，占用了大量的内存单元，且加大了程序的耦合性，不利于程序的移植或复用。全局变量可以使用 static 关键字定义，该变量只能在变量定义的源文件引用，这种全局变量称为静态全局变量。如果一个文件的非静态全局变量需要被另一个文件引用，则需要在该文件调用前使用 extern 关键字对该变量进行说明。

2. 变量的存储方式

单片机的存储区可以分为程序存储区、静态存储区和动态存储区 3 个部分。数据存放在静态存储区或动态存储区。其中全局变量在静态存储区，在程序开始运行时，给全局变量分配存储空间；局部变量存放在动态存储区，在进入拥有该变量的函数时，给这些变量分配存储空间。

3.2.6　宏定义与文件包含

在 C51 程序设计中经常要用到宏定义和文件包含。

1. 宏定义

宏定义语句属于 C51 语言的预处理指令，使用宏可以使变量书写简化，增加程序可读性、可维护性和可移植性。宏定义分为简单的宏定义和带参数的宏定义。

1）简单的宏定义

格式如下：

＃define 宏替换名 宏替换体

＃define 是宏定义指令的关键字，宏替换名一般用大写字母来表示，而宏替换体可以是数值常数、算术表达式，字符和字符串等。宏定义可以出现在程序的任何地方，例如：

＃define uchar unsigned char

在编译时可由 C51 编译器把 unsigned char 用 uchar 来替换。

例如，在某程序开头处进行了 3 个宏定义：

```
＃define uchar unsigned char        /＊宏定义无符号字符型,方便书写＊/
＃define uint unsigned int          /＊宏定义无符号整型,方便书写＊/
＃define gain 4                     /＊宏定义增益值＊/
```

由上可见，宏定义不仅可以方便无符号字符型和无符号整型变量的书写，而且当增益值需要变化时，只需要修改 gain 的宏替换体 4 即可，而不需要在程序每处修改，大大增强了程序的可读性和可维护性。

2）单参数的宏定义

格式如下：

＃define 宏替换名(形参) 带形参宏替换体

带参数的宏定义可以出现在程序的任何地方，在编译时可由编译器替换为定义的宏替换体，其中的形参用实际参数替换，由于可以带参数，这就增强了宏定义的应用。

2. 文件包含

文件包含是一个程序文件将另一个指定文件的内容包含进去。文件包含的一般格式为

＃include <文件名>

或

＃include "文件名"

上述两种格式的差别是：采用<文件名>格式时，在头文件目录中指定文件；采用"文件名"格式时，应当在当前的目录中查找指定文件。例如：

```
＃include<reg51.h>      /＊将 51 单片机的特殊功能寄存器头文件 reg51.h 包含到程序中＊/
＃include<stdio.h>      /＊将标准的输入输出头文件 stdio.h 包含到程序中＊/
＃include<math.h>       /＊将函数库中专用数学库的函数包含到程序中＊/
```

当程序中需要调用 C51 语言编译器提供的各种库函数时，必须在文件的开头使用＃include 命令将相应函数的说明文件包含进来。

3.2.7　库函数

C51 语言的强大功能及其高效率主要体现在它提供了丰富的可直接可用的库函数。库函数使程序代码简单，结构清晰，易于调试和维护。下面介绍几类重要的库函数。

（1）特殊功能寄存器头文件 reg51.h 和 reg52.h。reg51.h 包含的 8051 的 SFR 及其位定义。reg52.h 包含所有 8052 的 SFR 及其位定义,一般系统都包含 reg51.h 或 reg52.h。

（2）绝对地址头文件 absacc.h。该文件定义了几个宏,以确定各类存储空间的绝对地址。

（3）输入输出流函数位于 stdio.h 文件中。流函数默认使用 8051 的串口进行数据的输入输出。如果要修改为用户定义的 I/O 口读/写数据,例如,改为 LCD 显示,可以修改 lib 目录中 getkey.c 及 putchar.c,然后在库中替换它们即可。

（4）动态内存分配函数位于 stdlib.h 中。

（5）能够方便地对缓冲区进行处理的缓冲区处理函数位于 string.h 中,其中包括复制、移动、比较等函数。

3.3　C51 的开发工具

Keil C51 语言是德国 Keil Software 公司开发的用于 51 系列单片机的语言软件。Keil C51 在兼容标准 C 语言的基础上,又增加了很多与 51 单片机硬件相关的编译特性,使得在 51 系列单片机上开发应用程序更为方便和快捷,生成的程序代码运行速度快,所需要的存储器空间小,完全可以和汇编语言相媲美。它支持众多的 8051 架构的芯片,同时集编辑、编译、仿真等功能于一体,具有强大的软件调试功能,是众多单片机应用开发软件中最优秀的软件之一。

3.3.1　集成开发环境 Keil μVision4 简介

目前,Keil C51 已被完全集成到一个功能强大的全新集成开发环境（Integrated Development Environment,IDE）Keil μVision4 中,Keil Software 公司推出的 Keil μVision4 是一款用于 51 单片机的 Windows 下的集成开发环境,提供了对基于 8051 内核的各种型号单片机的支持,为 51 单片机软件开发提供了全新的 C 语言开发环境。该开发环境下集成了文件编辑处理、编译链接、项目（project）管理、窗口、工具引用和仿真软件模拟器等多种功能,所有这些功能均可在 Keil μVision4 的开发环境中极为简便地进行操作。

注意：本书中 Keil C51 一般简称 C51,指的是 51 系列单片机编程所用的编程语言;Keil μVision4 简称 μVision4,指的是用于 51 系列单片机的 C51 程序编写、调试的集成开发环境。

C51 程序的开发是在 Keil μVision4 开发环境下进行的,开发者可以购买 Keil μVision4 软件,也可以在 Keil Software 公司的主页免费下载评估版本。Keil μVision4 在 Keil μVision3 IDE 的基础上增加了更多大众化的功能。例如,多显示器和灵活的窗口管理系统,系统浏览器窗口的显示设备外设寄存器信息,调试还原视图创建并保存多个调试窗口布局,多项目工作区简化与众多的项目。Keil μVision4 旨在提高开发人员的生产力,实现更快、更有效的程序开发。

3.3.2　Keil μVision4 软件的安装、启动和应用程序设计

1. 软件安装

Keil μVision4 集成开发环境的安装同大多数软件一样,根据提示一步一步进行。Keil

μVision4 安装完毕后,可在桌面上看到 Keil μVision4 软件的快捷图标。

2. 软件启动

单击桌面上的 Keil μVision4 软件的快捷图标,即可启动该软件,出现启动界面,如图 3-1 所示。

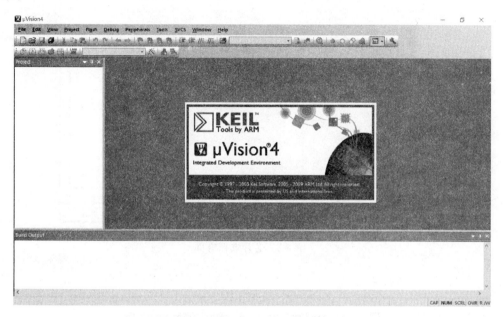

图 3-1 Keil μVision4 启动界面

3. 应用程序设计

Keil μVision4 把用户的每一个应用程序设计当作一个项目,用项目管理的方法把一个应用程序设计需要使用的程序关联到同一个项目中。这样,打开一个项目时,关联程序也都跟着进入了调试窗口,方便用户对项目中各个程序进行编写、调试和存储。因此,在编写一个新的应用程序前,一定要先建立一个项目。下面以一个简单程序实例演示一个工程项目开发的过程。

1) 建立工程项目文件

在菜单栏中选择 Project→New μVision Project 命令,建立名为 LED 的工程文件,保存工程到指定目录以便于管理。在此过程中,首先要选择工程所使用的芯片,如图 3-2 所示,51 内核是由 Intel 公司制造的,这里选定 Intel 公司的 80/87C52 来代替。

单击 OK 按钮后,如图 3-3 所示,会弹出一个对话框询问是否添加启动代码,每个工程都需要一段启动代码,选择"是",启动代码会自动添加到工程中。文件 STARTUP. A51 是 8051 系列 CPU 的启动代码,主要用来对 CPU 数据存储器进行清零,并初始化硬件和重入函数堆栈指针等。

2) 建立源程序并添加到工程中

在菜单栏选择 File→New 命令,打开文件编辑器,这就是编写源程序的工作区,由键盘输入源程序,实现单片机 P1.0 口点亮 LED 小灯,如图 3-4 所示;接着,选择 File→Save 命令,将文件命名为 LED. c,保存到刚才创建的工程目录下便于管理;最后将该文件添加到工程中,右击 Source Group 1,选择 Add Files to Group 'Source Group 1' 命令,即可完成添加。

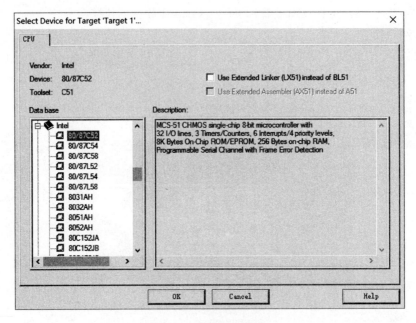

图 3-2　芯片选择窗口

图 3-3　询问是否添加启动代码的对话框

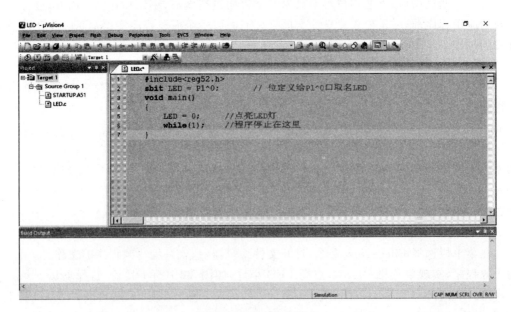

图 3-4　源程序编辑界面

3）工程设置

在菜单栏选择 Project→Option for Target 'Target 1'命令，弹出如图 3-5 所示的工程设置对话框。

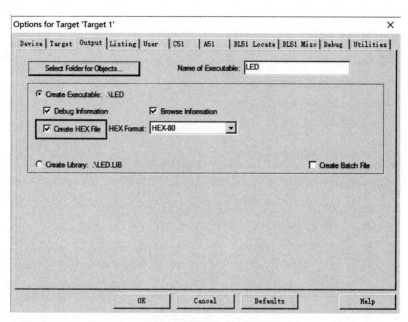

图 3-5 工程设置的 Output 选项卡

在工程设置对话框中，须特别注意以下两个选项：

（1）默认选项卡 Target 下的 Xtal(MHz)选项：用来设置单片机的工作频率，默认值是所选单片机的最高可用频率值。如果使用的是其他频率的晶振，直接在该选项后输入频率值即可，本例输入 12MHz。

（2）选项卡 Output 下的 Create HEX File 选项：选中该项，编译后即可生成名为 LED.hex 的 HEX 文件，这个文件用于下载到单片机硬件中，或者在 Proteus 仿真环境中下载到单片机仿真电路中。这里选中该项，方便联合仿真时使用。

4）编译源程序，生成目标代码 HEX 文件

在菜单栏选择 Project→Rebuild all target files 命令，对源程序进行编译，生成需要下载到单片机里的 HEX 文件。如图 3-6 所示，如果有错误，开发环境下方的 Build Output 窗口

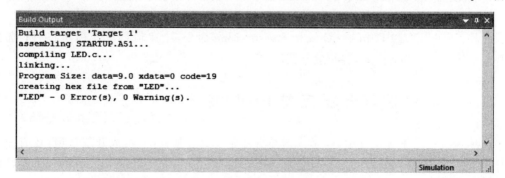

图 3-6 编译输出信息窗口

会有相关提示,可以据此返回检查程序错误或进入调试状态;如果没有错误,Build Output 窗口会提示"0 Error(s),0 Warning(s)"表示程序没有错误和警告,同时出现"creating hex file from "LED"…",表示当前工程目录下已经生成 HEX 文件,为下一步与 Proteus 的联合调试做好了准备。

5)调试运行并查看结果

程序编译没有错误后,就可以进行调试与仿真。在菜单栏选择 Debug→Start/Stop Debug Session 命令,进入程序调试状态。

在菜单栏选择 Peripherals→I/O Ports→Port 1 命令,即可弹出如图 3-7 所示的窗口,其中显示了 P1 口各位的状态。

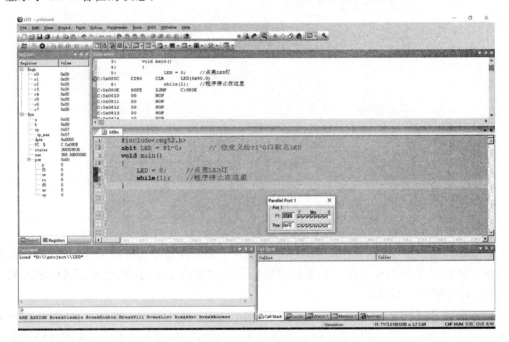

图 3-7　示例程序运行效果

在程序调试时,允许程序全速运行和单步运行。

- 全速运行:选择 Debug→Run 命令,直接看到程序运行的总结果。
- 单步运行:选择 Debug→Step 命令,每次只执行一条程序;选择 Debug→Step Over 命令,以过程单步形式执行程序,即将函数或子程序作为整体一次执行。

此外,还可以选择 Debug→Run to Cursor Line 命令,全速运行至光标所在行;选择 Debug→Stop Running 命令,停止运行程序。

3.4　软件仿真开发工具 Proteus

在单片机应用系统设计中,除了 3.3 节介绍的 Keil μVision4 集成开发环境,还有一个单片机虚拟仿真软件 Proteus 被广泛使用。熟练地掌握 Proteus 和 Keil μVision4 工具软件的使用以及它们的联合仿真调试,会使单片机应用系统设计及编程的效率大大提高。

3.4.1　Proteus 简介

Proteus 软件是英国 Labcenter Electronics 公司开发的 EDA 工具软件,它可以仿真各种模拟器件和集成电路,包括 ISIS. EXE、ARES. EXE 两个主要程序,ISIS 的主要功能是电路原理图设计和与电路原理图的交互仿真,ARES 主要用于印制电路板的设计。

ISIS 提供的 Proteus VSM(Virtual System Modeling)实现了混合式的 SPICE 电路仿真,它将虚拟仪器、高级图表应用、单片机仿真、第三方程序开发与调试环境有机结合,在搭配硬件模型之前即可在 PC 上完成原理图设计、电路分析与仿真及单片机程序实时仿真、测试及验证。Proteus 具有如下特点:

(1) 具有强大的原理图绘制功能,实现了单片机仿真和 SPICE 电路仿真相结合。具有模拟电路、数字电路、单片机及其外围电路组成的系统、RS232 串行通信、I²C 调试器、SPI 调试器仿真的功能;有各种虚拟仪器,如示波器、逻辑分析仪、信号发生器等。

(2) 支持主流单片机系统的仿真。目前支持的单片机类型有 51 系列、AVR 系列、PIC 系列等多种系列单片机以及各种外围芯片。

(3) 提供软件调试功能。在硬件仿真系统中具有全速、单步、设置断点等调试功能,同时可以观察各个变量、寄存器等当前状态,并支持第三方的软件编译和调试环境,如 Keil μVision4 等软件。

总之,Proteus 软件是一款功能极其强大的单片机系统的软件仿真开发工具。在系统开发中,一般是先用 Proteus 设计出系统的硬件电路,编写程序,然后在 Proteus 环境下仿真调试通过,接下来,按照仿真的结果,完成实际的硬件设计。最后,将仿真通过的程序烧录到单片机中,然后安装到用户样机硬件板上观察运行结果,如有问题,再连接仿真器进行分析、调试。如没问题,调试完毕的软件可将机器代码固化在程序存储器中,一般就能直接投入运行了。

3.4.2　Proteus 与 Keil μVision4 的联合仿真

本节主要利用 Proteus ISIS 进行单片机系统的原理图设计,并实现与 Keil μVision4 的联合仿真。限于篇幅,本节将直接介绍如何用 Proteus 仿真单片机电路图以及与 Keil μVision4 的联合仿真,有关 Proteus 安装及详细功能请读者参阅专门书籍。

下面紧接着 3.3 节中的实例来演示仿真软件 Proteus 的基本操作。

1. 启动 Proteus ISIS

启动 Proteus ISIS 7.8,启动界面如图 3-8 所示。

2. 从元器件库中拾取相关器件

从元器件库中拾取相关器件,为搭建由单片机点亮 P1.0 口所连接 LED 灯的电路做好准备。所需器件为单片机、数码管。单击主界面的 P 图标(Pick Device),打开如图 3-9 所示的界面,在 Keywords 文本框中输入要查询的器件的关键字,这里输入 80C51 作为关键字,找到后双击器件即可添加到左侧 DEVICES 列表中,供仿真电路使用。

选取 LED 灯的操作类似,这里选择 LED-GREEN。

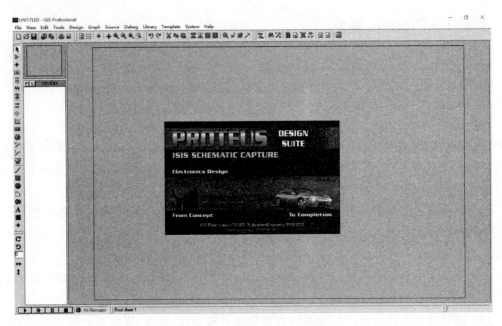

图 3-8　Proteus ISIS 7.8 的启动界面

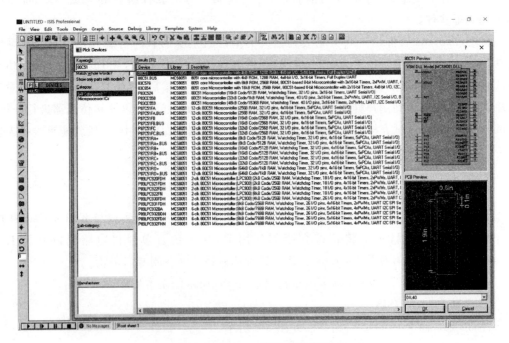

图 3-9　Proteus 选取器件界面

3. 搭建单片机仿真电路

搭建单片机仿真电路,如图 3-10 所示。用鼠标将拾取的器件拖至空白图纸处,适当布局,并以一定的方式连线即可。在本例中,对 LED 灯进行了 Rotate Anti-Clockwise 操作,阳极接电源,阴极接 P1.0 口。其中,5V 的电源来自左侧图标 Terminals Mode 里的 Power。最后将电路保存为 LED.DSN。

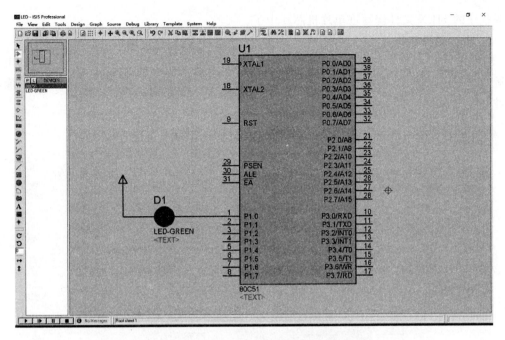

图 3-10　Proteus 单片机仿真电路效果图

注意：限于篇幅，在不影响仿真结果的前提下，这里其实省去了单片机的最小系统电路，即晶振电路、复位电路及电源电路，这在 Proteus 中是允许的。读者可以自行添加这些电路，进一步完善单片机仿真电路。

4. 实现 Proteus 与 Keil μVision4 的联合仿真

在 Proteus 环境下建立了单片机仿真电路后，没有加载程序是不可能运行的，此时需要将 Keil 环境下生成的 HEX 文件加载到单片机模型中。

双击 Proteus 环境中的单片机芯片，如图 3-11 所示，在弹出的 Edit Component 对话框的 Program File 框中选择之前生成的 LED.hex 文件，并单击 OK 按钮确认，这样就相当于

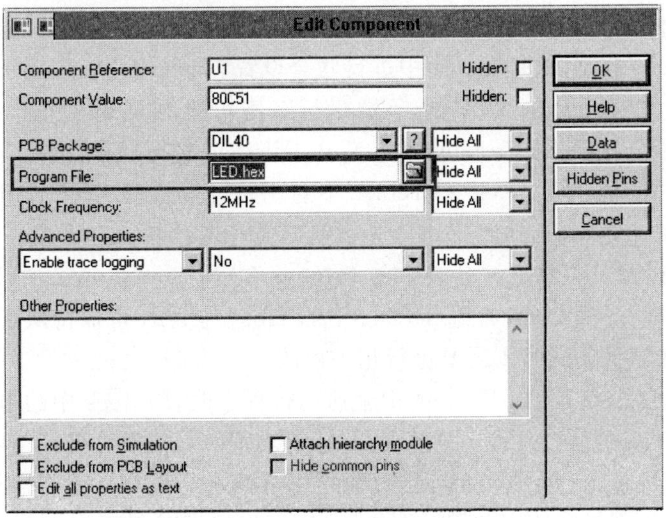

图 3-11　加载 HEX 文件窗口

把源程序的 HEX 文件烧写进单片机芯片中了。

5. 运行仿真电路

在仿真电路和程序都没有问题时,直接单击 Proteus 主窗口左下角的运行按钮,即可仿真运行单片机系统,结果如图 3-12 所示,绿色 LED 小灯被点亮。在运行过程中,可以像在硬件环境中一样与单片机交互。

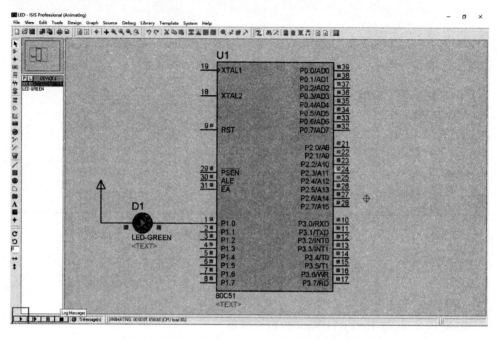

图 3-12　Proteus 与 Keil μVision4 的联合仿真效果图

3.4.3　Proteus 与 Keil μVision4 的联合调试

对于较为复杂的程序,如果运行没有达到预期效果,这时可能需要对 Proteus 与 Keil μVision4 进行联合调试,联合调试前需要安装 vdmagdi.exe(可到 Proteus 的官方网站下载),然后在 Proteus 与 Keil μVision4 中进行联合设置。

联合调试时,先打开 Proteus 案例(不要运行案例),选中 Debug 菜单中的 Use Remote Debug Monitor 命令,这使得 Proteus 能与 Keil μVision4 进行通信。

完成上述设置后,再到 Keil μVision4 中打开工程,选择菜单 Project→Option for Target 'Target 1'命令,打开如图 3-13 所示的项目选项对话框。在 Debug 选项卡中选中右边的 Use 单选按钮及其右侧下拉列表中的 Proteus VSM Simulator。如果 Proteus 与 Keil μVision4 安装在同一台 PC 中,右边 Setting 中的 Host 与 Port 可保持默认值 127.0.0.1 与 8000 不变,在跨计算机调试时则需要进行相关修改。

完成上述设置后,在 Keil μVision4 中全速运行程序时,Proteus 中的单片机系统也会自动运行。如果希望观察运行过程中某些变量值或设备状态,需要在 Keil μVision4 中恰当使用 Step In、Step Over、Step Out、run to Cursor Line 及 Breakpoint 命令进行跟踪,要注意的是,并非在任何时候都可以使用它们。例如,键盘矩阵扫描时就不能用单步跟踪,因为程序运行到某一步骤时,如果按键后再到 Keil 中继续单步跟踪,这时按键早就释放了。

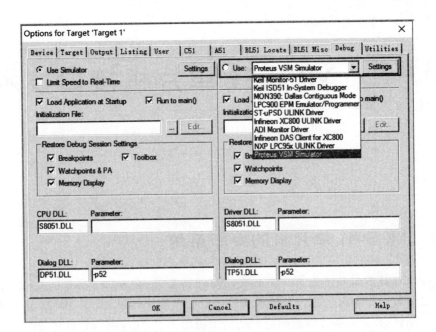

图 3-13　Keil μVision4 项目选项对话框

本章小结

目前用于 MCS-51 系列单片机编程的 C 语言都采用 Keil C51,简称 C51。本章首先介绍了 C51 语言的数据结构、基本运算、程序结构、C51 函数等内容,最后介绍了 Keil C51 集成开发环境 Keil μVision4 软件的安装、启动和应用程序设计,以及软件仿真开发工具 Proteus 与 Keil μVision4 的联合仿真和联合调试。

思考题

3-1　C51 语言有哪些新增的数据类型?

3-2　C51 有哪些语句类型? 使用每种类型的语句编写一个简单的程序。

3-3　C51 程序有哪些常用的头文件? 怎样在程序中使用它们?

3-4　使用 C51 编程语言实现将片内数据存储器中地址 30H 和 40H 的单元内容交换。

3-5　举例说明利用 Keil μVision4 与 Proteus 软件仿真一个单片机实验的全过程。

3-6　Proteus 与 Keil μVision4 的联合仿真和联合调试的区别是什么?

## 第 4 章

MCS-51 单片机接口技术

4.1 MCS-51 单片机的中断系统

中断技术在计算机技术发展史上具有跨时代的意义,它解决了高速的 CPU 与慢速的外部设备之间数据传送的问题。当然,对于 8051 系列单片机来说,"中断"技术主要用于实时监测与控制,单片机能够及时地响应中断请求源的请求,快速响应并及时处理。

4.1.1 中断系统概述

1. 什么是中断

"中断"在日常生活中并不罕见。例如,你正在房间看电视——快递员打来电话——你接通电话——你下楼取快递——你返回家中继续看电视。这就是一个典型的中断处理过程,"快递员打来电话"是一个中断请求信号,"接通电话"是对中断的响应,"下楼取快递"是中断处理,"返回家中继续看电视"是中断结束返回。

那么什么是计算机的中断呢?计算机在执行程序的过程中,由于 CPU 以外的某种原因,必须尽快暂停当前程序的执行,而去执行相应的处理程序,待处理结束后,再返回被暂停的位置继续执行原来的程序。这种程序在执行过程中由于外界的原因而被打断的情况称为"中断"。计算机的中断处理过程如图 4-1 所示。

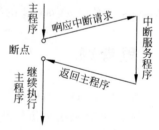

图 4-1　中断处理过程

实现中断的部件称为中断系统,中断之后所执行的处理程序通常称为中断服务程序或中断处理子程序,原来运行的程序称为主程序。主程序被断开的位置(地址)称为断点。引起中断的原因或能发出中断申请的来源称为中断源。中断源要求服务的请求称为中断请求。

2. 中断技术的优点

在单片机中采用中断技术,能极大地提高它的工作效率和处理问题的灵活性,具有以下优点。

1) 实现分时操作

单片机应用系统通常控制多个外设同时工作,例如键盘、打印机、显示器、A/D 和 D/A 转换器等,有了中断功能,就能解决快速 CPU 和慢速外设之间的矛盾,可使 CPU、外设同时工作。CPU 在启动外设工作后,便继续执行主程序;每当外设发出中断请求时,CPU 中断正在执行的程序,转去执行中断服务程序;中断处理完后,CPU 返回继续执行主程序。这就是并行工作原理,这样就实现了快速的 CPU 和慢速的外设同时工作,从而大大提高了CPU 的利用率。

2) 实现实时处理

实时控制是单片机应用领域一个重要任务。在实时控制系统中,现场的各个参数、信息是随时间和现场情况不断变化的,外界的这些变化量根据需要随时向 CPU 发出中断请求,请求 CPU 及时处理。有了中断功能,CPU 就可以马上响应及时处理,这种实时处理在查询方式下是做不到的。

3) 故障处理

单片机应用系统在实际运行过程中常会出现一些故障,如电源突然掉电、硬件自检出错、运算溢出等。有了中断功能,CPU 就能及时执行基本故障的中断服务程序。

4.1.2　中断系统结构

MCS-51 单片机的中断系统主要由中断源、中断标志、中断允许控制寄存器和中断优先级控制寄存器等构成,其结构图如图 4-2 所示。

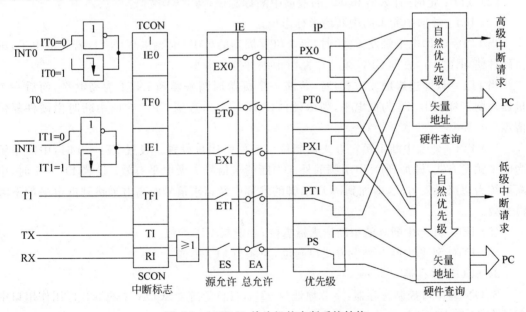

图 4-2　MCS-51 单片机的中断系统结构

1. 中断源

8051 单片机的中断源共有 5 个,其中 2 个为外部中断源,3 个为内部中断源。

(1) $\overline{INT0}$:外部中断 0,外部中断请求信号从 P3.2 引脚引入,中断标志位为 IE0。

(2) $\overline{INT1}$:外部中断 1,外部中断请求信号从 P3.3 引脚引入,中断标志位为 IE1。

(3) 定时/计数器 T0:计数溢出发生的中断请求,中断请求标志位 TF0。

(4) 定时/计数器 T1:计数溢出发生的中断请求,中断请求标志位 TF1。

(5) 串口中断请求 TX/RX:串口完成一帧数据的发送或接收时所发出的中断请求,串行发送中断标志位为 TI,串行接收中断标志位为 RI。

每个中断源对应一个中断标志位,它们包含在特殊功能寄存器 TCON 和 SCON 中。

2. 中断请求标志

1) TCON 寄存器

TCON 寄存器是定时/计数器 T0 和 T1 的控制寄存器,它同时也用来锁存 T0 和 T1 的溢出中断请求标志位 TF0、TF1 和两个外部中断请求信号的标志位 IE0、IE1。TCON 寄存器的字节地址为 88H,可位寻址。TCON 寄存器与中断有关的位如表 4-1 所示。

表 4-1 TCON 寄存器与中断有关的位

位地址	8FH	8EH	8DH	8CH	8BH	8AH	89H	88H
位符号	TF1	—	TF0	—	IE1	IT1	IE0	IT0

TCON 寄存器中各位的功能如下:

(1) TF1:定时/计数器 1(T1)的溢出中断标志位。当 T1 从初值开始加 1 计数到最高位产生溢出时,由硬件使 TF1 置 1,向 CPU 申请中断,直到 CPU 响应中断时 TF1 由硬件自动清零。

(2) TF0:定时/计数器 0(T0)的溢出中断标志位,与 TF1 类似。

(3) IE1:外部中断 1 的中断请求标志位。

当 IT1=0(即电平触发方式)时,每个机器周期的 S5P2 时刻采样 $\overline{INT1}$,若为低电平,则由硬件使 IE1 置 1,直到 CPU 响应中断时由硬件复位清零。

当 IT1=1(即边缘触发方式)时,若前一个机器周期采样到 INT1 为高电平,而后一个机器周期采样到 INT1 为低电平,则由硬件使 IE1 置 1,直到 CPU 响应中断时由硬件复位清零。

(4) IT1:外部中断 1 触发方式控制位。该位由用户设置。设置 IT1=0 时,中断系统为电平触发方式,即加到 $\overline{INT1}$引脚的外部中断请求信号为低电平有效;设置 IT1=1 时,中断系统为边缘触发方式,即加到 $\overline{INT1}$引脚的外部中断请求信号由高电平跳到低电平的下降沿有效。

(5) IE0:外部中断 0 的中断请求标志位,功能与 IE1 类似。

(6) IT0:外部中断 0 触发方式控制位,功能与 IT1 类似。

2) SCON 寄存器

SCON 为串口控制寄存器,字节地址为 98H,可位寻址。SCON 中的低 2 位用作串口中断标志 TI 和 RI,其各位定义如表 4-2 所示。

表 4-2 SCON 寄存器与中断有关的位

位地址	9FH	9EH	9DH	9CH	9BH	9AH	99H	98H
位符号	—	—	—	—	—	—	TI	RI

SCON 寄存器中各位的功能如下:

(1) TI:串口发送中断请求标志位。CPU 将 1 字节的数据写入串口的发送缓冲器 SBUF 时,就启动一帧数据的发送,每当 CPU 发送完一帧数据后,由硬件自动置 TI 为 1。

注意,中断响应后 TI 不会自动清零,必须由编程人员在中断服务程序中对 TI 清零。

(2) RI:串口接收中断请求标志位。每当串口接收一帧串行数据后,由硬件自动置 RI 为 1。同样注意,中断响应后 RI 不会自动清零,必须由编程人员在中断服务程序中对 RI 清零。

3. 中断允许控制寄存器 IE

在 8051 单片机的中断系统中,中断的允许或禁止是由片内的中断允许控制寄存器 IE 控制的。IE 寄存器的地址是 A8H,可位寻址,位地址为 A8H~AFH。寄存器的内容及位地址如表 4-3 所示。

表 4-3　中断允许控制寄存器 IE 的格式

位地址	AFH	AEH	ADH	ACH	ABH	AAH	A9H	A8H
位符号	EA	—	—	ES	ET1	EX1	ET0	EX0

(1) EA:中断允许总控制位。EA=0,表示 CPU 禁止所有的中断,即所有的中断请求被屏蔽;EA=1,表示 CPU 开放中断,但每个中断源的中断请求是允许还是禁止要由各自的允许位控制。

(2) EX0(EX1):外部中断允许控制位。EX0(EX1)=0,禁止外部中断;EX0(EX1)=1,允许外部中断。

(3) ET0(ET1):定时/计数器中断允许控制位。ET0(ET1)=0,禁止定时/计数器中断;ET0(ET1)=1,允许定时/计数器中断。

(4) ES:串行中断允许控制位。ES=0,禁止串行中断;ES=1,允许串行中断。

中断允许控制寄存器 IE 中各位的状态可根据要求用程序置位或清零。

4. 中断优先级控制寄存器 IP

8051 系列单片机的中断优先级控制比较简单,有 5 个中断源,划分为两个中断优先级:高优先级和低优先级。各中断源的优先级由中断优先级控制寄存器 IP 进行设定。

IP 寄存器的地址是 B8H,位地址为 B8H~BFH,其位地址和内容如表 4-4 所示。

表 4-4　中断优先级控制寄存器 IP 的格式

位地址	BFH	BEH	BDH	BCH	BBH	BAH	B9H	B8H
位符号	—	—	—	PS	PT1	PX1	PT0	PX0

(1) PX0:外部中断 0 优先级设定位。

(2) PT0:定时器 T0 中断优先级设定位。

(3) PX1:外部中断 1 优先级设定位。

(4) PT1:定时器 T1 中断优先级设定位。

(5) PS:串口中断优先级设定位。

以上某一控制位若被清零,则该中断源被定义为低优先级;若被置位,则该中断源被定义为高优先级。中断优先级控制寄存器 IP 的各个控制位都可以通过编程来置位或清零。单片机复位后,IP 中各位均被清零。

中断优先级是为中断嵌套服务的,8051 系列单片机中断优先级的控制原则有以下几点：

（1）低优先级中断请求不能打断高优先级的中断服务程序，但高优先级中断请求可以打断低优先级的中断服务程序，从而实现中断嵌套。

（2）一个中断一旦得到响应，与它同级的中断不能打断它。

（3）如果同级的多个中断请求同时出现，则按 CPU 的查询次序确定哪个中断请求被执行，如表 4-5 所示，按照默认优先级，其执行次序为：外部中断 0→T0 中断→外部中断 1→T1 中断→UART 中断。

表 4-5　CPU 的中断查询次序

中　断　源	中断标志	中断使能	中断优先级设定位	同时出现时的默认优先级
外部中断 0	IE0	EX0	PX0	1（最高）
T0 中断	TF0	ET0	PT0	2
外部中断 1	IE1	EX1	PX1	3
T1 中断	TF1	ET1	PT1	4
UART 中断	TI/RI	ES	PS	5（最低）

【例 4-1】　若 PS＝1，PX0＝0，串口的中断服务程序正在执行，外部中断 0 有中断请求出现，则 CPU 是否会响应外部中断 0？试说明原因。如果外部中断 0 的服务程序正在被执行，串口中断出现，CPU 会响应串口中断吗？如果两者同时出现，会响应哪个？

解：PS＝1，说明串口为高优先级；PX0＝0，说明外部中断 0 为低优先级。

（1）不会。因为正在执行的串口中断服务程序是高优先级中断服务程序，低级的外部中断 0 不能打断高级的中断服务程序。

（2）CPU 会响应串口的中断服务程序。因为串口的中断服务程序是高优先级，高优先级的中断可以打断正在被响应的低级的中断服务程序。

（3）如果两者同时出现，CPU 会响应串口的中断。因为两个不同优先级的中断请求同时出现，一定是高优先级的中断先被响应。

【例 4-2】　若 PS＝0，PX0＝0，串口的中断被响应后，外部中断请求出现，则 CPU 会响应外部中断 0 吗？若这两个中断出现的次序相反，CPU 是否会响应串口中断？若两者同时出现又会怎样？

解：PS＝0，PX0＝0，说明串口中断和外部中断 0 都是低优先级，并且是同级的。

（1）不会。因为同级的中断不能够相互打断。

（2）不会，理由同上。

（3）两者同时出现，则会先响应外部中断 0，因为如表 4-5 所示，外部中断 0 默认优先级最高。

4.1.3　中断处理过程

中断处理过程分为 3 个阶段，即中断响应、中断处理和中断返回。所有计算机的中断处理都有这样 3 个阶段，但不同的计算机由于中断系统的硬件结构不完全相同，因而中断响应的方式有所不同。下面以 8051 系列单片机为例来介绍中断处理过程。

1. 中断响应

中断响应是在满足 CPU 的中断响应条件之后 CPU 对中断源中断请求的回答。在这个阶段,CPU 要完成执行中断服务程序以前的所有准备工作,这些准备工作是保护断点和把程序转向中断服务程序的入口地址。计算机在运行时,并不是任何时刻都会响应中断请求,而是在中断响应条件满足之后才会响应。

1) CPU 的中断响应条件

以下是 CPU 响应中断的基本条件:

(1) 由中断源发出中断申请。

(2) 中断总允许位 EA=1,即 CPU 允许所有中断源申请中断。

(3) 申请中断的中断源的中断允许为 1,即此中断源可以向 CPU 申请中断。

若满足以上条件,CPU 一般会响应中断。但如果有下列任何一种情况存在,则中断响应会受到阻断。

(1) CPU 正在执行一个同级或高一级的中断服务程序。

(2) 当前的机器周期不是正在执行指令的最后一个周期,即正在执行的指令还未完成前,任何中断请求都得不到响应。

(3) 正在执行的指令是返回指令或者对专用寄存器 IE、IP 进行读写的指令,此时,在执行返回或者读写 IE、IP 之后,不会马上响应中断请求,至少再执行一条其他指令,然后才会响应中断。

若存在上述任何一种情况,都不会马上响应中断,CPU 将把该中断请求锁存在各自的中断标志位中,在紧接着的下一个机器周期再按顺序查询。

2) 中断响应过程

如果中断响应条件满足,且不存在中断受阻,则 CPU 将响应中断。此时,中断系统通过硬件生成调用指令(LCALL),此指令将自动把断点地址压入堆栈保护起来(但不保护程序状态寄存器(PSW)及其他寄存器内容),然后将对应的中断入口地址装入程序计数器(PC),使程序转向该中断入口地址,执行中断服务程序。8051 单片机中各中断源及对应的入口地址分配见表 4-6。

表 4-6　中断源入口地址分配表

中　断　源	入　口　地　址	中　断　号	中　断　源	入　口　地　址	中　断　号
外部中断 0	0003H	0	T1 中断	001BH	3
T0 中断	000BH	1	UART 中断	0023H	4
外部中断 1	0013H	2			

表 4-6 5 个入口地址相互间隔只有 8 个字节,一般来说,8 个字节不够存放一个中断服务程序,使用时,通常在这些入口地址处存放一条无条件转移指令,使程序跳转到用户安排的中断服务程序起始地址。

3) 中断响应的时间

所谓中断响应时间,是从查询到中断请求标志位开始到转向中断入口地址所需的机器周期数。

8051 系列单片机最短响应时间为 3 个机器周期。其中,中断请求标志位查询占一个机器周期,而这个机器周期又恰好是执行指令的最后一个机器周期,在这个机器周期结束后,中断即被响应,产生 LCALL 指令。而执行这条长调用指令需要两个机器周期,这样中断响应共经历了 3 个机器周期。

最长的中断响应时间为 8 个机器周期。若中断标志查询时，刚好开始执行 RET、RETI 或访问 IE、IP 指令，则需要把当前指令执行完，再继续执行一条指令后，才能响应中断。执行 RET、RETI 或访问 IE、IP 指令最长需要两个机器周期。而如果继续执行的那条指令恰好是 MUL（乘）或 DIV（除）指令，则又需要 4 个机器周期，再加上执行 LCALL 指令所需要的两个机器周期，从而形成了 8 个机器周期的最长响应时间。

一般情况下，外部中断响应时间都是大于 3 个机器周期而小于 8 个机器周期。当然，如果出现同级或高级中断正在响应或服务中，需要等待的时候，那么响应时间就无法计算了。

2. 中断处理

CPU 响应中断后即转入中断服务程序的入口，从中断服务程序的第一条指令开始执行，直至遇到指令 RETI 为止，这个过程称为中断处理，又称中断服务。

中断处理一般包括两部分内容，一是保护现场，二是处理中断源的请求。保护现场是把断点处有关寄存器的内容压入堆栈保护，以便中断返回时恢复；恢复现场，是指中断返回前，将进入中断服务程序时保护的有关寄存器的内容从堆栈中弹出，送回原来的寄存器中。

因为一般主程序和中断服务程序都可能会用到累加器、PSW 寄存器及其他一些寄存器。CPU 进入中断服务程序后，在用到上述寄存器时，就会破坏它原来存在寄存器中的内容，一旦中断返回，就会造成主程序混乱。因而，在进入中断服务程序后，一般要先保护现场，然后再执行中断处理程序，在返回主程序之前再恢复现场。

另外，在编写中断服务程序时还需注意以下几点：

（1）各入口地址之间只相隔 8 个字节，一般的中断服务程序是容纳不下的，因而最常用的方法是在中断入口地址单元处存放一条无条件转移指令，这样可使中断服务程序灵活地安排在 64KB 程序存储器的任何空间。

（2）若要在执行当前中断程序时禁止更高优先级中断源的中断，要先用软件关闭 CPU 中断，或关闭更高级中断源的中断，而在中断返回前再开放中断。

（3）为了不使现场数据受到破坏或者造成混乱，一般规定在保护现场和恢复现场时 CPU 不响应新的中断请求。这就要求在编写中断程序时，注意在保护现场之前要关中断，在恢复现场之后开中断。

3. 中断返回

中断返回是指中断处理完成后，CPU 返回断点，继续执行被中断的主程序。中断返回由专门的中断返回命令 RETI 来实现，自动完成以下操作：

（1）恢复断点地址。将原来送入堆栈的断点地址取出，送回程序计数器。

（2）开放同级中断。将优先级状态触发器清零，通知中断系统已完成中断处理，允许同级中断源请求中断。

中断返回是由中断系统自动管理和控制的，用户需要做的事情是编制中断服务程序和中断初始化程序，特别要注意不能用 RET 指令代替 RETI 指令。

综上所述，可以把中断处理过程用图 4-3 进行概括。图 4-3 中，保护现场之后的开中断是为了允许有优先级更高的中断打断中断服务程序，如果不允许其他中断，则在执行该中断服务程序中要一直关中断。

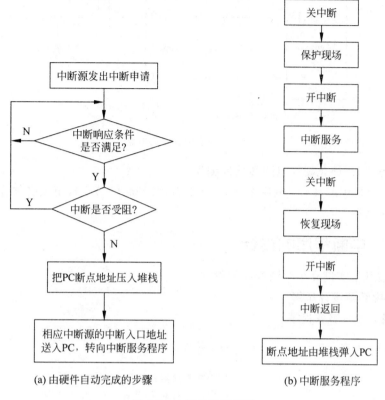

(a) 由硬件自动完成的步骤   (b) 中断服务程序

图 4-3　中断处理流程图

4. 中断请求的撤销

中断源发出中断请求,相应中断标志位置 1。CPU 响应该中断请求后,必须清除 TCON 或 SCON 中的中断请求标志位,否则会引起另一次中断而出错。8051 系列单片机对中断请求的撤销有以下 3 种情况:

(1) 对于 T0、T1 溢出中断,CPU 在响应中断后,由硬件自动清除相应的中断请求标志位 TF0 或 TF1,即中断请求是自动撤销的,无须采用其他措施。

(2) 对于外部中断$\overline{INT0}$、$\overline{INT1}$请求的撤销有两种方式:

若采用边沿触发方式,CPU 在响应中断后,也是由硬件自动清除有关的中断请求标志位 IE0 或 IE1,即中断请求也是自动撤销的,无须编程人员处理。

若采用电平触发的方式,CPU 响应中断后,虽然也是由硬件自动清除中断请求标志位 IE0 或 IE1,但不能彻底解决中断请求的撤销问题。因为,尽管 IE0 或 IE1 清除了,但是 $\overline{INT0}$、$\overline{INT1}$引脚上的低电平信号可能会保持较长时间,在以后的机器周期采样时,又会使 IE0 或 IE1 重新置 1。为此,应该在外部中断请求信号接到$\overline{INT0}$、$\overline{INT1}$引脚的连接电路上采取措施,及时撤销中断请求信号。外部中断撤销电路如图 4-4 所示。

从图 4-4 可见,用 D 触发器锁存外来的中断请求低电平,并通过 D 触发器的输出端 Q 送到$\overline{INT0}$、$\overline{INT1}$,所以增加的 D 触发器不影响中断请求;为了撤销中断请求,利用 D 触发器的直接置位端 S_D 实现,将 S_D 端接单片机的 P1.0。只要 P1.0 输出一个负脉冲就可以使 D 触发器置 1,从而撤销低电平的中断请求信号。一般来说,对于外部中断$\overline{INT0}$、$\overline{INT1}$,应采

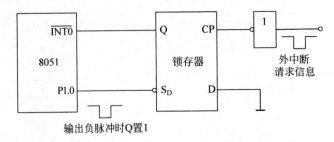

图 4-4 外部中断撤销电路

用边沿触发方式,以简化硬件电路和软件编程。

(3) 对于串口中断,CPU 响应中断后,并不自动清除 TI 或 RI,用户必须在中断服务程序中用软件来清除。

4.1.4　中断程序的设计

本节通过几个实例介绍中断程序的设计。

1. 单个中断源设计举例

【例 4-3】　中断服务程序。

```
void main()                        //主函数
{
    EA = 1;                        //中断寄存器初始化,总中断允许
    ET1 = 1;                       //允许定时器 T0 中断
    while(1)                       //循环
    {
        …                         //主程序
    }
}
void timer0() interrupt 3          //interrupt 声明函数为中断服务函数,3 为 T1 的中断号
{
    …                             //定时器 T1 的中断服务程序
}
```

【例 4-4】　编写外部中断程序,通过按键响应中断,实现对按键次数的记录和显示。单个外部中断按键次数记录和显示电路如图 4-5 所示,其软件流程图如图 4-6 所示。

参考程序如下:

```
#include<reg51.h>                  //包含 51 单片机寄存器定义的头文件
#define uchar unsigned char        //无符号数据的宏定义
#define uint unsigned int
uchar code table[] = {0x3F,0x06,0x5B,0x4F,0x66,0x6D,0x7D,0x07,0x7F,
    0x6F,0x77,0x7C,0x39,0x5E,0x79,0x71};    //共阴极数码管 0～15 字符的编码
uchar k = 0;                       //定义全局变量 k,用于记录按键按下的次数
void delay(uint i)                 //延时函数
{   uint j;
    for(i;i>0;i--)
        for(j=110;j>0;j--);
}
```

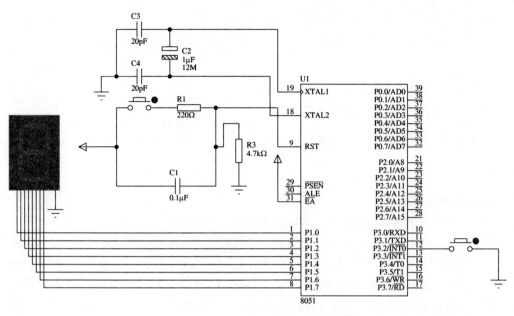

图 4-5　单个外部中断按键次数记录和显示电路

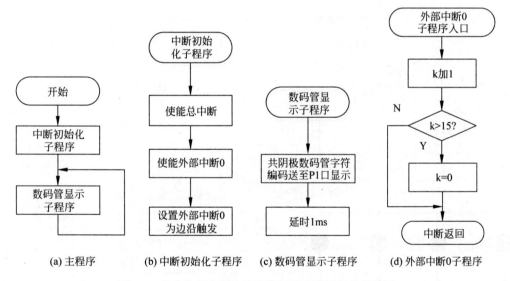

(a) 主程序　　　(b) 中断初始化子程序　　(c) 数码管显示子程序　　(d) 外部中断0子程序

图 4-6　单个外部中断按键次数记录和显示软件流程图

```
void display(uchar num)
{    P1 = table[num];                    //通过 P1 口显示出数字
     delay(1);                           //延时 1ms,给视觉一定的反应时间
}
void init()                             //外部中断初始化函数
{    EA = 1;                            //使能总中断
     EX0 = 1;                           //使能外部中断 INT0
     IT0 = 1;                           //设置外部中断 0 为边沿触发
}
void main()
```

```
{   init();
    while(1)                               //1 表示始终为真,一直循环
    {   display(k);                        //在数码管上显示按键按下的次数 k
    }
}
void int0_func() interrupt 0
//interrupt 声明函数为中断服务函数,0 为外部中断 INT0 的中断号
{   k++;                                   //每按下一次按键,k 加 1
    if(k>15)                               //使用 1 位共阴极数码管,这里限定其能够显示的最大的按键次数为 15
    k = 0;
}
```

2. 多个外中断的应用

当需要多个中断源时,只要增加相应的中断服务函数即可。

【例 4-5】 图 4-7 为两个外部中断控制 4 个 LED 灯显示的电路,在 8051 单片机的 P1 口接 4 个 LED 灯,外部中断INT0输入引脚 P3.2 接一个按钮开关 K1,外部中断INT1输入引脚 P3.3 接一个按钮开关 K2。若 K1、K2 都未按下,P1 口的 4 个 LED 灯流水式循环点亮;若 K1 按下,左右两个灯交替点亮;若 K2 按下,4 个灯全亮。设置外部中断INT0和外部中断INT1同为低优先级,同级不能够相互打断。

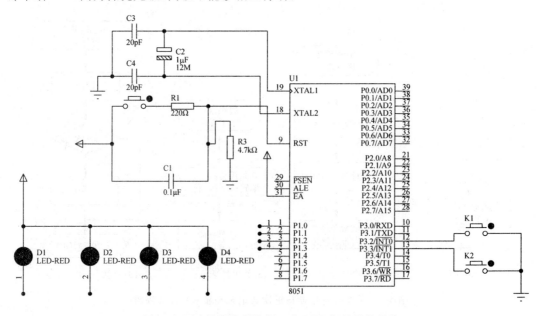

图 4-7 两个外部中断控制 4 个 LED 灯显示的电路

两个外部中断控制 4 个 LED 灯显示的软件流程图如图 4-8 所示。

参考程序如下:

```
# include<reg51.h>                        //包含 51 单片机寄存器定义的头文件
# define uchar unsigned char              //无符号数据的宏定义
uchar code table[ ] = {0xfe,0xfd,0xfb,0xf7}; //4 个 LED 单独点亮时 P1 口的 8 位数据
void delay(uint i)                        //延时函数
{
    uint j;
```

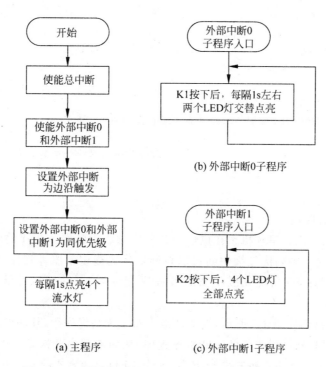

图 4-8　两个外部中断控制 4 个 LED 灯显示软件流程图

```
    for(i;i > 0;i-- )
        for(j = 110;j > 0;j-- );
}
void main( )
{
    uchar a;
    EA = 1;                              //使能总中断
    EX0 = 1;                             //使能外部中断 0
    EX1 = 1;                             //使能外部中断 1
    IT0 = 1;                             //设置外部中断 0 为边沿触发
    IT1 = 1;                             //设置外部中断 1 为边沿触发
    IP = 0;                              //设置 INT0 和 INT1 的优先级同为低优先级
    while(1)
    {   for(a = 0;a < 4;a++)             //4 个 LED 灯每隔 1s 被依次点亮,循环往复形成流水灯
        {
            delay(1000);
            P1 = table[a];
        }
    }
}
void int0_func( ) interrupt 0
//interrupt 声明函数为中断服务函数,0 为外部中断 INT0 的中断号
{
    while(1)                             //K1 按下后,每隔 1s 左右两个灯交替点亮
    {
        P1 = 0xf3;
```

```
        delay(1000);
        P1 = 0xfc;
        delay(1000);
    }
}
void int1_func() interrupt 2
//interrupt 声明函数为中断服务函数,2 为外部中断 INT0 的中断号
{
    while(1)                          //K2 按下后,4 个灯全亮
    { P1 = 0;}
}
```

3. 中断嵌套的应用

中断嵌套只能发生在单片机正在执行一个低优先级中断服务程序的时候,此时又有一个高优先级中断产生,则高优先级中断可以打断低优先级中断服务程序,CPU 转而执行高优先级中断服务程序,待高优先级中断服务程序完成后,再继续执行低优先级中断服务程序。

【例 4-6】 电路仍如图 4-7 所示,设置外部中断 1 为高优先级,外部中断 0 为低优先级,高优先级中断可以打断低优先级的中断服务程序,从而实现中断嵌套。中断嵌套软件流程图如图 4-9 所示。若 K1、K2 都未按下,P1 口 4 个 LED 灯流水点亮;若 K1 按下,左右两个灯交替点亮;此时若 K2 按下,进入外部中断 1 的中断服务程序,4 个灯全亮,持续一段时间后,又返回外部中断 0 的中断服务程序,左右两个灯交替点亮。

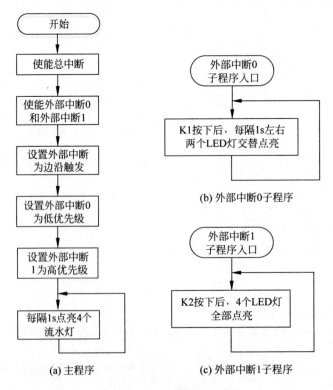

图 4-9 中断嵌套软件流程图

参考程序如下：

```
# include < reg51.h>                              //包含 51 单片机寄存器定义的头文件
# define uchar unsigned char                      //无符号数据的宏定义
# define uint unsigned int
uchar code table[ ] = {0xfe,0xfd,0xfb,0xf7};    //4 个 LED 单独点亮时 P1 口的 8 位数据
void delay(uint i)                                //延时函数
{    uint j;
     for(i;i>0;i--)
         for(j=110;j>0;j--);
}
void main()
{    uchar a;
     EA = 1;                                      //使能总中断
     EX0 = 1;                                     //使能外部中断 0
     EX1 = 1;                                     //使能外部中断 1
     IT0 = 1;                                     //设置外部中断 0 为边沿触发
     IT1 = 1;                                     //设置外部中断 1 为边沿触发
     PX0 = 0;                                     //设置 INT0 的优先级为低优先级
     PX1 = 1;                                     //设置 INT1 的优先级为高优先级
     while(1)
     {    for(a=0;a<4;a++)                         //4 个 LED 灯每隔 1s 被依次点亮,循环往复形成流水灯
          {    delay(1000);
               P1 = table[a];
          }
     }
}
void int0_func() interrupt 0
//interrupt 声明函数为中断服务函数,0 为外部中断 INT0 的中断号
{ while(1)                                         //K1 按下后,每隔 1s 左右两个灯交替点亮
     {    P1 = 0xf3;
          delay(1000);
          P1 = 0xfc;
          delay(1000);
     }
}
void int1_func() interrupt 2
//interrupt 声明函数为中断服务函数,2 为外部中断 INT0 的中断号
{    P1 = 0;
     Delay(5000);                                 //K2 按下后,4 个灯全亮,持续大概 5s
}
```

4.2 MCS-51 单片机的定时/计数器

在工业检测与控制中,定时和计数功能应用十分广泛,如产生精确的定时时间、实现定时控制以及对外部事件进行计数。MCS-51 系列单片机的硬件上集成了两个 16 位的可编程定时/计数器 T0 和 T1,它们既可以实现定时,又可以对外部事件进行计数,还可以作为串行口的波特率发生器。

4.2.1 定时/计数器的组成

1. 定时/计数器的结构

定时/计数器的结构如图 4-10 所示。

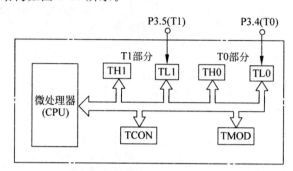

图 4-10　定时/计数器的结构

T0、T1 是两个 16 位的定时器/计数器。其中 T0 由特殊功能寄存器 TH0(T0 高 8 位)和 TL0(T0 低 8 位)组成,T1 由特殊功能寄存器 TH1(T1 高 8 位)和 TLI(T1 低 8 位)组成。TMOD 用于控制各定时/计数器的功能和工作模式; TCON 用于控制定时/计数器 T0、T1 启动和停止计数,同时包含定时/计数器的状态。T0、T1、TMOD、TCON 属于特殊功能寄存器,用户可通过编程进行设置。系统复位时,这 4 个特殊功能寄存器的所有位都被清零。

定时/计数器 T0、T1 本质上都是加 1 计数器,其输入的计数脉冲有两个来源:一个是由系统的时钟振荡器输出脉冲经 12 分频后送来的,另一个是 T0 或 T1 端输入的外部脉冲。当控制信号有效时,计数器从 0 或初值开始加 1 计数,每输入一个脉冲,计数器加 1,当加到计数器全为 1 时,再输入一个脉冲,就发生溢出,计数器归零,并置位 TCON 中的 TF0 或 TF1,以表示定时时间已到或计数值已满,向 CPU 发出中断申请。

2. 定时/计数器的功能

T0 和 T1 都具有定时和计数两种功能。TMOD 中的控制位($C/\overline{T}$)分别用于选择 T0 和 T1 是工作在计数器模式还是定时器模式。

1) 计数功能

选择计数器模式时,计数脉冲必须从规定的引脚 T0(P3.4)或 T1(P3.5)输入。在每个机器周期,单片机对外部引脚输入信号进行采样并计数,例如在第一个机器周期中采样值为 1,而下一个周期中采样值为 0,即输入信号发生由 1 至 0 的负跳变时,计数器(TH0、TL0 或 TH1、TL1)的值加 1。由于确认一次外部信号的跳变最短需要两个机器周期,即 24 个时钟周期,因此外部输入的计数脉冲的最高频率应为时钟频率的 1/24。对外部输入信号的占空比并没有什么限制,但为了确保外部输入的电平信号在变化之前至少被采样一次,则这一电平至少要保持一个机器周期。

2) 定时功能

T0、T1 的定时功能也是通过计数实现的。当选择定时器模式时,计数脉冲来自单片机内部时钟脉冲,每个机器周期使计数器加 1。计数值乘以单片机的机器周期就是定时时间。

3. 定时/计数器 T0 和 T1 的模式选择和状态控制寄存器

特殊功能寄存器 TMOD 和 TCON 分别是定时/计数器 T0 和 T1 的模式选择和状态控

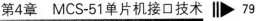

制寄存器,用于确定各定时/计数器的工作模式和功能等。

1) 定时器模式寄存器 TMOD

定时器模式寄存器 TMOD 用于选择定时/计数器 T0 和 T1 的功能及 4 种工作模式,其单元地址是 89H,不能位寻址,只能以字节为单位设置其内容。其中低 4 位用于控制 T0,高 4 位用于控制 T1。其格式如表 4-7 所示。

表 4-7　定时器模式寄存器 TMOD 的格式

位	7	6	5	4	3	2	1	0
符号	GATE	$C/\overline{T}$	M1	M0	GATE	$C/\overline{T}$	M1	M0

(1) GATE 位为门控位。

- 当 GATE=0 时,则只要 TR0 或 TR1 置 1,那么定时/计数器 T0 或 T1 就被选通,而不管 $\overline{INT0}$ 或 $\overline{INT1}$ 的引脚是高电平还是低电平。
- 当 GATE=1 时,只有 $\overline{INT0}$ 或 $\overline{INT1}$ 引脚为高电平且 TR0 或 TR1 置 1 时,定时/计数器 T0 或 T1 才被选通,这种特性常被用于测量外部信号脉冲宽度。

(2) $C/\overline{T}$ 位为定时/计数器功能选择位。

- $C/\overline{T}$=0 时,为定时器功能,定时/计数器采样的是内部时钟脉冲,每一个机器周期加 1。
- $C/\overline{T}$=1 时,为计数器功能,定时/计数器采样的是外部引脚信号,即 T0(P3.4)或 T1 (P3.5)端的外部脉冲。

(3) M1、M0 位为定时/计数器工作模式选择位。

定时/计数器有 4 种工作模式,由 M1、M0 的两位状态决定,如表 4-8 所示。

表 4-8　定时/计数器的工作模式

M1	M0	工作模式	功能描述
0	0	模式 0	13 位定时/计数器(THx 中的 8 位和 TLx 中的低 5 位)
0	1	模式 1	16 位定时/计数器(THx 中的 8 位和 TLx 中的 8 位)
1	0	模式 2	8 位自动重装入初值的定时/计数器。每当定时/计数器 TLx 溢出时,THx 中的内容重新装载到 TLx 中
1	1	模式 3	T0 分成两个独立的 8 位计数器,T1 被禁用

2) 定时/计数器控制寄存器 TCON

定时/计数器控制寄存器 TCON 用来控制 T0 和 T1 的启停,并给出相应的状态。其字节地址为 88H,可位寻址,格式如表 4-9 所示。在 4.1.2 节中已经介绍了 TCON 与中断有关的低 4 位的功能,这里介绍与定时/计数器相关的高 4 位的功能。其格式如表 4-9 所示。

表 4-9　TCON 寄存器的格式

位地址	8FH	8EH	8DH	8CH	8BH	8AH	89H	88H
位符号	TF1	TR1	TF0	TR0	IE1	IT1	IE0	IT0

（1）TF1、TF0 位为溢出标志位。

当定时/计数器溢出时，由硬件自动置 1。使用查询模式时，此位为状态位供查询，查询有效后需由软件清零；使用中断模式时，此位为中断请求标志位，进入中断服务程序后被硬件自动清零。

（2）TR1、TR0 位为计数运行控制位。

- 当 TR1 或 TR0＝1 时，是启动定时/计数器工作的必要条件。
- 当 TR1 或 TR0＝0 时，停止定时/计数器工作。

4.2.2　定时/计数器的 4 种工作模式

T0、T1 除了可以选择定时/计数器功能外，每个定时/计数器还有 4 种工作模式，其中前 3 种模式（模式 0～2）对两者都是一样的，而模式 3 对两者是不同的。

1. 模式 0

当 M1、M0 为 00 时，定时/计数器 T0 或 T1 便工作在模式 0。图 4-11 是定时/计数器 T1 在模式 0 下的逻辑图（对 T0 也适用）。模式 0 的 13 位计数器由 TH1 的 8 位和 TL1 的低 5 位构成。当 TL1 的低 5 位计数溢出时，向 TH1 进位；而全部 13 位计数器溢出时，计数器归零，并使溢出标志位 TF1 置 1，向 CPU 发中断请求或供 CPU 查询。

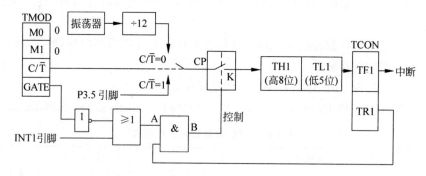

图 4-11　定时/计数器 T1 工作模式 0（13 位计数器）

由图 4-11 可见，当 C/$\overline{T}$＝0 时，电子开关处于上方位置，打开了定时/计数器的定时器功能，计数脉冲为内部时钟振荡器经 12 分频后输出的机器周期信号，此时 13 位计数器对机器周期进行计数；当 C/$\overline{T}$＝1 时，电子开关处于下方位置，打开了定时/计数器的计数器功能，计数脉冲为 T1（P3.5）引脚的外部输入脉冲，当计数脉冲发生负跳变时，计数器加 1。

由图 4-11 也可以看出门控位 GATE 的作用。当 GATE＝0 时，经反相后使或门输出为 1，此时仅由 TR1 控制与门的开启。当 TR1＝1 时，与门输出为 1，控制开关闭合，计数器从 TH1、TL1 中的初值开始计数，直到溢出；当 TR1＝0 时，控制开关断开，停止计数器工作。

当 GATE＝1 时，则由$\overline{INT1}$控制或门的输出。当$\overline{INT1}$＝1 时，或门输出为 1，若 TR1＝1，外部中断$\overline{INT1}$直接控制定时/计数器的启动和停止，与门输出为 1，控制开关闭合，计数器从 TH1、TL1 中的初值开始计数，直到溢出；当$\overline{INT1}$＝0 时，或门输出为 0，此时无论 TR1 是何状态，控制开关均断开，计数器停止计数。利用门控位可以测量在$\overline{INT1}$端出现的正脉冲的宽度。

2. 模式 1

当 M1、M0 为 01 时,定时/计数器 T0 或 T1 便工作在模式 1。图 4-12 是定时/计数器 T1 在模式 1 的逻辑电路图(对 T0 也适用)。模式 1 与模式 0 的结构和工作过程几乎完全相同,唯一的区别是:在模式 1 中,定时器 TH1 和 TL1 组合成一个 16 位定时/计数器,即 TL1 中的高 3 位也参与计数。

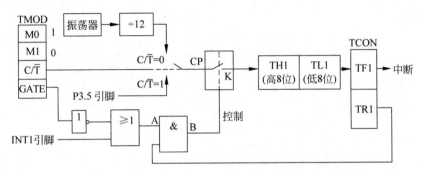

图 4-12　定时/计数器 T1 工作模式 1(16 位计数器)

3. 模式 2

当 M1、M0 为 10 时,定时/计数器 T0 或 T1 便工作在模式 2,为 8 位自动重装初值的计数方式。模式 0 和模式 1 最大的特点是计数溢出后计数器归零,因此在循环定时或循环计数时就存在需要用指令反复装入初值的问题,这不仅编程麻烦,还影响定时的精度,模式 2 恰恰解决了此问题。

如图 4-13 所示,该模式将 16 位的 T1 分解成两个 8 位的寄存器,其中 TL1 做 8 位加 1 寄存器,TH1 保存由软件设置的初值。当装入初值并启动定时/计数器工作后,TL1 按 8 位加 1 计数器工作,TL1 计数溢出时,不仅使溢出标志 TF1 置 1,而且自动把 TH1 中的初值重新装载到 TL1 中,使 TL1 重新计数,如此循环不止。

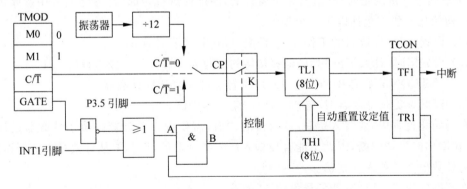

图 4-13　定时/计数器 T1 工作模式 2

4. 模式 3

当 M1、M0 为 10 时,定时/计数器 T0 便工作在模式 3。T0 被拆成两个独立的 8 位定时/计数器 TH0 和 TL0 使用。而对于定时/计数器 T1,设置为模式 3,将使它停止计数并保持原有的计数值,其作用如同使 TR1＝0。

工作模式 3 下的定时/计数器 T0 如图 4-14 所示,其中 TL0 利用了定时/计数器 T0 本身的一些控制位:C/$\overline{T}$、GATE、TR0 和 TF0。它的工作情况与模式 0 和模式 1 类似,既可以作定时器,也可以作计数器。规定 TH0 只能作定时器,即只对内部的机器周期计数,它借用了 T1 的控制位 TR1 和 TF1。因此,TH0 的启停受 TR1 控制,TH0 的溢出将置位 TF1,这时的 TH0 占用了 T1 的中断请求源。

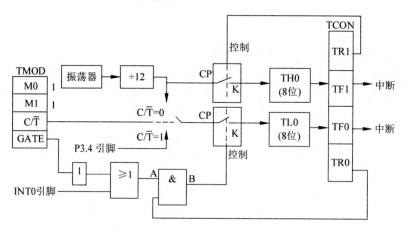

图 4-14 定时/计数器 T1 工作模式 3

当定时/计数器 T0 工作在模式 3 时,虽然定时/计数器 T1 仍可工作在模式 0、模式 1、模式 2,但由于 TH0 抢占了 TR1 和 TF1,使得 T1 的启停不受 TR1 的控制,也不能向 CPU 申请中断,所以此时定时/计数器 T1 只能工作在不需要中断的场合。一般情况下,当 T1 工作在模式 2 作为串口波特率发生器时,T0 才工作在模式 3,可以额外增加一个 8 位定时器。

4.2.3 定时/计数器的编程和应用

1. 定时/计数器的初始化编程

51 系列单片机的定时/计数器是可编程的,因此在进行定时/计数之前要用程序进行初始化。初始化一般应包括以下 4 个步骤:

(1) 设置定时/计数器的工作模式,即对 TMOD 寄存器赋值。

(2) 设置定时/计数器的初值,即直接将初值写入 TH0、TL0 或 TH1、TL1。

(3) 对 TCON 寄存器中的 TR0 或 TR1 置位,启动定时/计数器。

(4) 根据需要对寄存器 IE 置初值,使能定时器中断。

在初始化过程中,要置入定时/计数器的初值,需要做一些计算。由于计数器是加法计数,并在溢出时申请中断,因此不能直接输入所需的计数值,而是要从计数最大值倒退回去,这时的计数值才是置入的初值。

在不同的模式下,计数器的最大值 M 如下:

(1) 模式 0:$M = 2^{13} = 8192$。

(2) 模式 1:$M = 2^{16} = 65\ 536$。

(3) 模式 2:$M = 2^{8} = 256$。

(4) 模式 3:$M = 2^{8} = 256$。

计数器模式时:初值 $X = M -$ 计数值。

定时器模式时：$(M-X) \times T_{cy} =$ 定时值，所以初值 $X=M-$ 定时值 $/T_{cy}$。

其中，T_{cy} 为机器周期 $=12 \times$ 时钟周期 $=12/$ 时钟频率。

例如，单片机时钟频率为 12MHz，定时/计数器 T1 工作在模式 1，作为定时器定时 10ms，则机器周期 $=1\mu s$，定时初值 $X=65\,536-10\,000/1=55\,536$，将 X 化为十六进制就是 0xDBF0，则 TH1 $=$ 0xDB，TL1 $=$ 0xF0。

2. 模式 1 的应用

在定时/计数器的 4 种工作方式中，模式 0 和模式 1 基本相同，只是计数器的计数位数不同，模式 0 是 13 位计数器，模式 1 是 16 位计数器。由于模式 0 是为兼容 MCS-48 而设计的，且其计数初值计算复杂，所以在实际应用中，一般不用模式 0，而采用模式 1。

【例 4-7】 如图 4-15 所示，假设单片机时钟频率为 12MHz，利用定时/计数器 T0 中断，实现从单片机 P1.0 引脚上输出一个周期为 20ms 的方波，并用示波器观察。

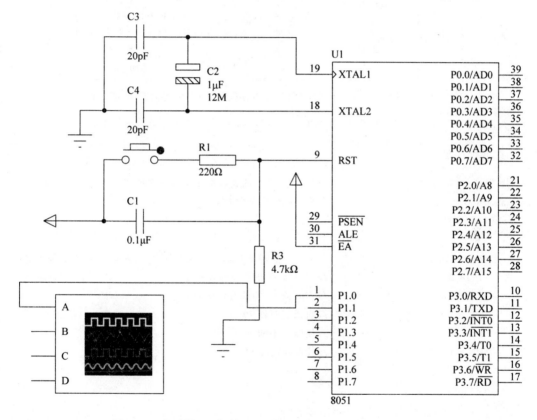

图 4-15 定时器 T0 控制 P1.0 输出周期为 20ms 的方波电路图

分析 T0 初值的计算过程如下：由于晶振为 12MHz，所以机器周期 T_{cy} 为 $1\mu s$，即定时器每过一个机器周期 $1\mu s$ 计数加 1。设定时时间为 10ms（即 $10\,000\mu s$），设定时器 T0 的计数初值为 x，根据题目，晶振的频率为 12MHz，则定时时间 $=(65\,536-x) \times 12/$ 晶振频率，则 $10\,000=(65\,536-x) \times 12/12$，得 $x=55\,536$，化为十六进制就是 DBF0，将高 8 位 DB 装入 TH0，低 8 位 F0 装入 TL0；这样每过 10ms，T0 计数溢出一次，其中断标志 TF0 被硬件自动置 1，进入 T0 中断服务程序。每 10ms 的半周期中断一次，对 P1.0 的输出取反，从而达到从 P1.0 引脚上输出一个周期为 20ms 的方波的目的。

定时器 T0 控制 P1.0 输出周期为 20ms 的方波软件流程图如图 4-16 所示。

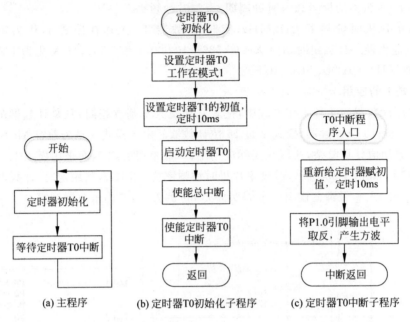

(a) 主程序　　　　(b) 定时器T0初始化子程序　　　　(c) 定时器T0中断子程序

图 4-16　定时器 T0 控制 P1.0 输出周期为 20ms 的方波软件流程图

参考程序如下：

```
# include < reg51.h >          //包含 51 单片机寄存器定义的头文件
sbit led = P1^0;               //将 led 位定义为 P1.0
void tx_init()
{
    TMOD = 0x01;               //TMOD = 0000 0001B,使用定时器 T0 的模式 1,且为定时器模式
    TH0 = 0xD8;                //定时器 T0 的高 8 位赋初值
    TL0 = 0xF0;                //定时器 T0 的低 8 位赋初值
    TR0 = 1;                   //启动定时器 T0
    EA = 1;                    //使能总中断
    ET0 = 1;                   //使能定时器 T0 中断
}
void main()
{
    tx_init();                 //定时器初始化
    while(1);                  //无限循环,等待中断
}
void tr0_func() interrupt 1    //interrupt 声明函数为中断服务函数,1 为 T0 的中断号
{
    TH0 = 0xD8;                //一旦进入中断,重新给定时器赋初值
    TL0 = 0xF0;
    led = ~led;                //将 P1.0 引脚输出电平取反,产生方波
}
```

3. 模式 2 的应用

在定时/计数器的 4 种工作方式中,模式 2 和模式 3 都是 8 位定时/计数器,由于模式 3 只适用于 T0,所以在实际应用中,一般采用模式 2 的场合较多。下面主要介绍模式 2 的应用。

【例 4-8】 如图 4-17 所示,在例 4-7 的基础上实现从 P1.1 引脚上输出一个周期为 1s 的方波。

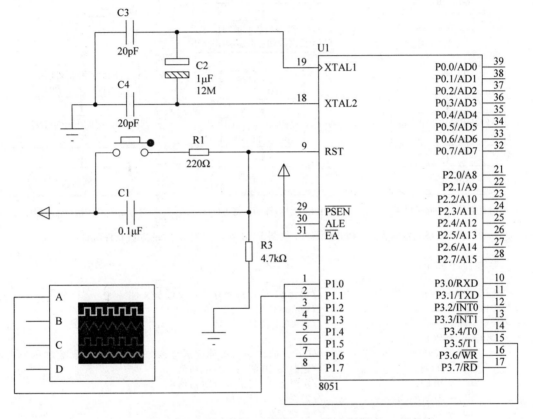

图 4-17　定时器 T0 和计数器 T1 控制 P1.1 输出周期为 1s 的方波

分析:看到这个题目,很多读者可能会想,只需将定时时间设置为 500ms 的半周期,再计算对应的定时初值 X 即可。但是细心的读者可能会发现,对于时钟频率为 12MHz 的单片机而言,最长的定时时长在模式 1 中,仅为 65ms,不可能一次定时 500ms 这么长时间。

遇到这种情况,可采用如下方法:由两个定时/计数器 T0、T1 配合完成,即 T0 仍旧完成 10ms 定时,每 10ms 对 P1.0 取反;接着如图 4-13 所示,将 P1.0 输出的周期为 20ms 的方波加到定时器 T1 的计数输入引脚 P3.5,作为 T1 的计数输入,这样,定时 500ms 只需要计数 25 次即可;计数 25 次溢出后进入 T1 的中断服务程序,对 P1.1 引脚取反,从而达到从 P1.1 引脚上输出一个周期为 1s 的方波的目的。这里让 T1 工作在模式 2,作计数器,初值为 $X=2^8-25=231$,模式 2 自动重装初值时 TH1=TL1=231。

定时器 T0 和计数器 T1 控制 P1.1 输出周期为 1s 的方波软件流程图如图 4-18 所示。

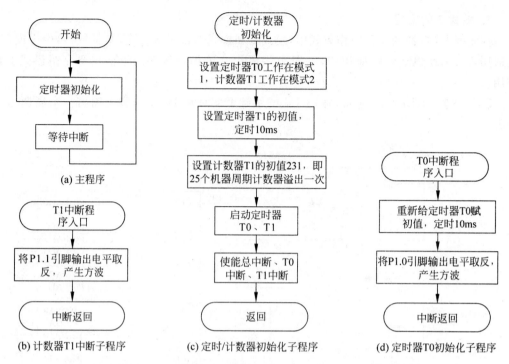

图 4-18 定时器 T0 和计数器 T1 控制 P1.1 输出周期为 1s 的方波软件流程图

参考程序如下：

```
# include< reg51.h>          //包含 51 单片机寄存器定义的头文件
sbit led = P1 ^0;            //将 led 位定义为 P1.0
sbit square_wave = P1 ^1;    //将 P1.1 命名为方波
void tx_init()
{    TMOD = 0x61;            //TMOD = 0110 0001B,使用定时器 T0 的模式 1,计数器 T1 的模式 2
     TH0 = 0xD8;             //定时器 T0 的高 8 位赋初值
     TL0 = 0xF0;             //定时器 T0 的低 8 位赋初值
     TH1 = TL1 = 231;        //定时器 T1 赋初值
     TR0 = 1;                //启动定时器 T0
     TR1 = 1;                //启动定时器 T1
     EA = 1;                 //使能总中断
     ET0 = 1;                //使能定时器 T0 中断
     ET1 = 1;                //使能定时器 T1 中断
}
void main()
{    tx_init();              //定时器初始化
     while(1);               //无限循环,等待中断
}
void tr0_func() interrupt 1  //interrupt 声明函数为中断服务函数,T0 的中断号为 1
{    TH0 = 0xD8;             //一旦进入中断,重新给定时器赋初值
     TL0 = 0xF0;
     led = ~led;             //将 P1.0 引脚输出电平取反,产生方波
}
void tr1_func() interrupt 3  //interrupt 声明函数为中断服务函数,T1 的中断号为 3
{
     square_wave = ~square_wave;    //将 P1.1 引脚输出电平取反,产生方波
}
```

4. 门控位 GATEx 的应用

【例 4-9】 门控位 GATE1 使定时/计数器 T1 启动计数受控,当 GATE1＝1,TR1＝1 时,只有 $\overline{INT1}$ 输入为高电平时,T1 才被允许计数,故可测引脚 P3.3 上正脉冲宽度(机器周期数)。利用 GATE 位测量正脉冲的宽度方法如 4-19 所示。

图 4-19　利用 GATE 位测量正脉冲宽度的方法

分析:

(1) 产生被测量信号,从 P3.0 引脚输出周期为 0.1ms 的方波作为被测脉冲,时钟周期选择 12MHz,由定时/计数器 T0 在模式 2 下产生,则计数初值为 TH0＝TL0＝256－50＝206。

(2) 测量正脉冲宽度。P3.0 输出信号连接到 P3.3 引脚,测量 P3.3 口引脚输入的正脉冲宽度,利用 GATE 位测量正脉冲宽度的电路如图 4-20 所示。设置由定时/计数器 T1 工作在模式 1,从 1 开始计数,计数初值 TH1＝TL1＝1。GATE1＝1,利用 TR1 和 P3.3 引脚控制 T1 计数的启停。当 GATE1＝1,$\overline{INT1}$＝1 且 TR1＝1 时,启动定时器 1 计数;若 $\overline{INT1}$＝0,或者 TR1＝0 时,禁止定时器计数,将 T1 的计数值 TH1 送 P2 口显示,TL1 送 P1 口显示。

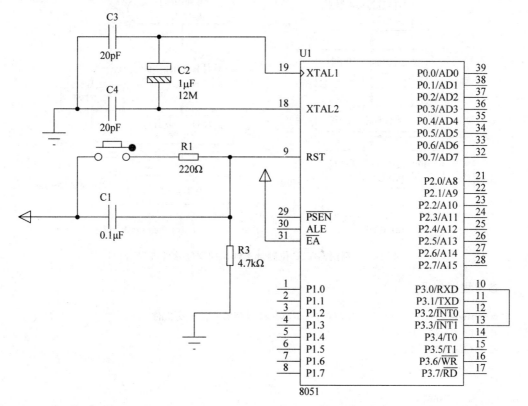

图 4-20　利用 GATE 位测量正脉冲的宽度电路

（3）采用中断方式。从图 4-19 可见，外部中断 1 引脚 P3.3 第一次下降沿信号产生中断触发，在外部中断 1 的中断服务程序中设置 TR1＝1，此时$\overline{\text{INT1}}$＝0，不能启动 T1 工作，当 P3.3 引脚出现上升沿时，自动启动 T1 计数，随后在出现第二次下降沿时，又停止 T1 计数，则在中断服务程序中时使 TR1＝0。

（4）从启动 T1 计数到停止 T1 计数所记录的计数值乘以机器周期就是正脉冲的宽度。周期为 0.1ms 的方波，正脉冲宽度为 $50\mu s$，即 50 个机器周期，则 P1 口会显示 0x32，P2 口显示 0。

利用 GATE 位测量正脉冲的宽度软件流程图如图 4-21 所示。

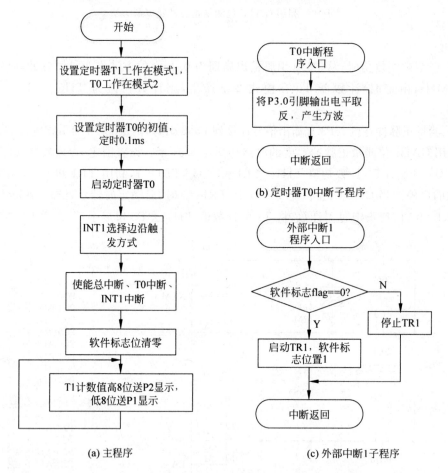

图 4-21　利用 GATE 位测量正脉冲的宽度软件流程图

参考程序如下：

```
#include< reg51.h>          //包含 51 单片机寄存器定义的头文件
sbit P3_0 = P3 ^ 0;
sbit flag = PSW ^ 5;
void main()
{
    SP = 0x60;
    TMOD = 0x92;             //TMOD = 0x1001 0010,T1 工作在模式 1,T0 工作在模式 2
```

```
    TH0 = TL0 = 206;        //T0 定时 0.1ms
    TL1 = 1;
    TH1 = 1;
    TR0 = 1;
    IT1 = 1;                //INT1 选择边沿触发方式,出现高低电平的跳变时向 CPU 申请中断
    IE = 0x86;              //1000 0110 使能总中断,使能 T0 中断,使能 INT1 中断
    flag = 0;               //软件标志位清零
    while(1)
    {
        P2 = TH1;           //T1 计数值高 8 位送 P2 显示
        P1 = TL1;           //T1 计数值低 8 位送 P1 显示
    }
}
void tr0() interrupt 1
{
    P3_0 = ~P3_0;           //P3.0 引脚输出周期为 0.1ms 的方波
}
void int1() interrupt 2
{
    if(flag == 0)
     {
        TR1 = 1;flag = 1;
     }
     else TR1 = 0;
}
```

4.3　MCS-51 单片机的串行通信

串行通信是 CPU 与外界交换信息的一种基本通信方式。本节介绍串行通信的一般知识和 MCS-51 系列单片机串行接口的结构、原理及应用。

4.3.1　串行通信概述

计算机与外界的信息交换称为通信。基本的通信方式可分为并行通信和串行通信两种。

并行通信所传送数据的各位同时发送或接收,可以实现以字节为单位通信。例如,给 P0 赋值 0x2C,即一次给 P0 的 8 个 I/O 口分别赋值,类似于 8 个车道可以同时通行 8 辆车一样,这种形式就是并行通信。其优点是传送速度快;其缺点是数据有多少位,就需要多少根数据线。并行通信适合近距离传输数据。

串行通信所传送数据的各位按顺序一位一位地发送或接收。例如,要发送 0x2C 这样一个字节,假如低位在前,高位在后,发送方式就是 0-0-1-1-0-1-0-0,要一位一位地发送 8 次才能完成,类似于一条车道过 8 辆车,只能依次一辆一辆地通过,这种形式就是串行通信。其优点是只需要一对传输线(发送和接收),占用硬件资源少,比较经济,适合长距离传输数据。

下面介绍串行通信中的几个概念。

1. 串行通信的两种基本方式

1）异步通信

异步（Asynchronous，ASYNC）通信数据传送是以帧为单位进行的，一帧由 4 个部分组成：起始位、数据位、校验位、停止位。异步通信的格式如图 4-22 所示。

| 起始位 | D0 | D1 | … | Dn | 奇偶校验位 | 停止位 |

图 4-22　异步通信的字符格式

帧定义为一个字符串完整的通信格式，通常也称为帧格式。最常见的帧格式一般是由 1 个起始位、8 个数据位、1 个校验位和 1 个停止位组成。帧与帧之间有空闲位，起始位约定为 0，停止位和空闲位约定为 1。由于异步通信每传送一帧有固定格式，通信双方只需按约定的帧格式来发送和接收数据，所以硬件结构比同步通信方式简单；此外它还能利用校验位检测错误，所以这种通信方式应用比较广泛。

2）同步通信

同步（Synchronous，SYNC）通信块由 1～2 个同步字符和多字节数据组成，同步通信的格式如图 4-23 所示。

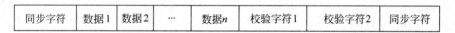

| 同步字符 | 数据1 | 数据2 | … | 数据n | 校验字符1 | 校验字符2 | 同步字符 |

图 4-23　同步通信的字符格式

同步字符用来实现发送端和接收端同步，一旦检测到约定同步字符，就触发传送数据，多字节数据之间没有空闲位，每字节数据占用的时间相等，在数据块的末尾加校验字符，空闲位则发送同步字符。同步通信数据块传送时由于中间没有空闲位，因而传输速度较快，但要求有准确的时钟以实现收发双方的严格同步，对硬件结构要求较高，适用于成批数据传送。

2. 串行通信的数据传送方式

串行通信按照数据传送方向可分为单工、半双工和全双工 3 种数据传送方式。

1）单工方式

在单工方式下，数据传送是单向的，A 端固定为发送端，B 端固定为接收端。单工方式只需要一条数据线，如图 4-24（a）所示。

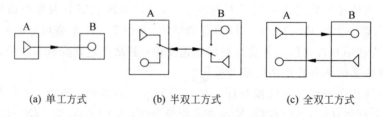

(a) 单工方式　　　　(b) 半双工方式　　　　(c) 全双工方式

图 4-24　串行通信数据传送的 3 种方式

2）半双工方式

在半双工方式下，数据传送是双向的，A 端和 B 端均有接收端和发送端，但不能同时进行，发送时不能接收，接收时不能发送。半双工方式也只需要一条数据线，如图 4-24（b）所示。

3）全双工方式

在全双工方式下，数据传送是双向的，A端和B端均有接收端和发送端，A的发送端连接B的接收端，A的接收端连接B的发送端，A端可以在发送数据的同时又接收数据，B端也如此。全双工方式需要一对数据线，如图4-24（c）所示。

不管哪种方式的串行通信，在两端之间均有供地线。

3. 串行通信的校验

在串行通信中，要对传送数据的正确性进行校验，校验是保证通信准确无误的关键。常用的校验方法如下。

1）奇偶校验

在发送数据时，在数据位的最后尾随的1位数据位是奇偶校验位（1或0）。当设置为奇校验时，数据中1的个数与校验位1的个数之和应为奇数；当设置为偶校验时，数据中1的个数与校验位1的个数之和应为偶数。接收方应具有跟发送方一致的校验方法，当接收一帧数据时，对1的个数进行校验，若二者不一致，则说明数据传输过程中出现了差错。

2）累加和校验

累加和校验是指发送方将所发送的数据块求和，产生一个字节的校验和，并将校验和附到数据块末尾。接收方接收数据时也是先对数据块求和，将所得结果与发送方的校验和进行比较，相等则无传输错误，否则即出现了错误。

3）循环冗余码校验

循环冗余码校验简称CRC，其基本原理是：将一个数据块看作一个位数很长的二进制数，然后用一个特定的数去除它，将余数作为校验码附在数据块后一并发送。发送端接收到该数据块和校验码后，进行同样的运算来检验传送是否出错。目前CRC已广泛用于数据存储和数据通信中，并在国际上形成规范，已有不少现场的CRC软件算法。

4. 通信协议

通信协议是指在计算机之间进行数据传输时的约定，包括数据格式、波特率的约定等，为保证计算机之间能准确、可靠地通信，计算机必须遵循统一的通信协议。在通信之前一定要设置好通信协议。

（1）数据格式。通信双方要事先约定数据的编码形式、校验方式以及起始位和停止位的规定。

（2）波特率。通信双方必须具有相同的波特率，否则无法完成串行数据通信。

4.3.2　MCS-51系列单片机的串行口

MCS-51系列单片机有一个全双工的串行通信接口，能同时进行串行发送和接收数据，它可以作UART（通用异步接收和发生器）用，也可以作同步移位寄存器用。

1. MCS-51系列单片机串行口的结构

MCS-51系列单片机串行口主要包括发送缓冲器（SBUF）、发送控制器、接收控制器、接收缓冲器（SBUF）、输入移位寄存器等，如图4-25所示。

发送和接收缓冲器使用同一个名字SBUF，共用一个单元地址99H。但物理上又是独立的，可同时发送、接收数据，发送缓冲器只能写入不能读出，接收缓冲器只能读出不能写入。

发送控制器的作用是在门电路和定时器T1的配合下，将发送缓冲器中的并行数据转

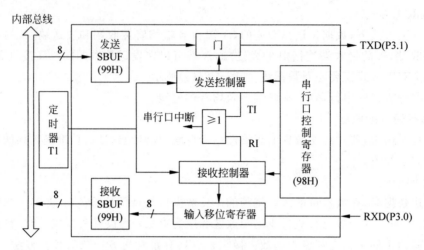

图 4-25　串行口的结构

为串行数据,并自动添加起始位、停止位。这一过程结束后自动使发送中断请求标志位 T1
置 1,用以通知 CPU 已将发送缓冲器中的数据输出到了 TXD 引脚。

接收控制器的作用是在输入移位寄存器和定时器 T1 的配合下,使来自 RXD 引脚的串
行数据转为并行数据,并自动过滤掉起始位、停止位。这一过程结束后自动使接收中断请求
标志位 R1 置 1,用以通知 CPU 接收的数据已存入接收缓冲器中。

2. MCS-51 系列单片机串行口的控制

MCS-51 系列单片机的串行口还有两个专用寄存器 SCON、PCON。SCON 用来存放串
行口的控制和状态信息,PCON 用来改变串行通信的波特率,波特率发生器可由定时器 T1
构成,其溢出脉冲经分频单元后送到接收/发送控制器中。MCS-51 系列单片机的串行口
正是通过对上述专用寄存器的设置、检测与读取来管理串行通信的。

1) 串行口控制寄存器 SCON

串行口控制寄存器 SCON 用于控制串行通信的工作方式,并在数据发送和接收过程中
设置中断标志。其字节地址为 98H,可位寻址,位地址为 98H～9FH。SCON 的格式如
表 4-10 所示。

表 4-10　串行口控制寄存器 SCON 的格式

符号	字节地址	D7	D6	D5	D4	D3	D2	D1	D0	复位值
SCON	98H	SM0	SM1	SM2	REN	TB8	RB8	TI	RI	00000000

(1) SM0、SM1:串行口的工作方式选择位,可选择 4 种工作方式,如表 4-11 所示。

表 4-11　串行口工作方式选择表

SM0	SM1	工作方式	功　能	说　明	波　特　率
0	0	方式 0	8 位同步移位寄存器	常用于扩展 I/O 口	$f_{osc}/12$
0	1	方式 1	10 位 UART	8 位数据位、起始位 0、停止位 1	可变(由定时器控制)

续表

SM0	SM1	工作方式	功　能	说　　明	波　特　率
1	0	方式 2	11 位 UART	8 位数据位、起始位 0、停止位 1 和奇偶校验位	$f_{osc}/64$ 或 $f_{osc}/32$
1	1	方式 3	11 位 UART	8 位数据位、起始位 0、停止位 1 和奇偶校验位	可变(由定时器控制)

(2) SM2：多机通信控制位。

多机通信主要在方式 2 和方式 3 时进行。在主-从式多机通信中,SM2 用于从机的接收控制。当 SM2＝1,只有当接收到第 9 位数据(RB8)为 1 时,才使 RI 置 1,产生中断请求,并将接收到的前 8 位数据送入 SBUF;若接收到的第 9 位数据(RB8)为 0 时,则将接收到的前 8 位数据丢弃。当 SM2＝0,从机可接收所有信息,即无论接收到的第 9 位数据是 1 还是 0,都将接收到的前 8 位数据送入 SBUF,并使 RI 置 1,产生中断请求。

(3) REN：允许串行接收控制位,由软件置位或清零。

REN＝1,允许串行口接收数据;REN＝0,禁止串行口接收数据。

(4) TB8：发送的第 9 位数据。

在方式 2 和方式 3 中,TB8 是发送的第 9 位数据。其值由软件置位或清零。在双机串行通信时,一般作为奇偶校验位使用,在多机串行通信中用来表示主机发送的是地址帧还是数据帧,TB8＝1 表示地址帧,TB8＝0 表示数据帧。在方式 0 和方式 1 中,不使用 TB8。

(5) RB8：接收的第 9 位数据。

在方式 2 和方式 3 中,RB8 是接收的第 9 位数据。其值由软件置位或清零。在双机串行通信时,一般作为奇偶校验位使用,在多机串行通信中用来表示从机接收的是地址帧还是数据帧,RB8＝1 表示地址帧,RB8＝0 表示数据帧。

在方式 1 时,若 SM2＝0,RB8 是已接收到的停止位。在方式 0 时,不使用 RB8。

(6) TI：发送中断标志位。

在方式 0 时,串行发送的第 8 位数据结束时,TI 由硬件置 1。在其他工作方式中,串行口发送完停止位时,该位置 1。TI＝1 表示一帧数据发送完毕,发送缓冲器已空,并申请中断,CPU 响应中断后,在中断服务程序中向发送缓冲器写入要发送的下一帧数据。该位的状态也可供软件查询。TI 必须由软件清零。

(7) RI：接收中断标志位。

在方式 0 时,接收完第 8 位数据时,RI 由硬件置 1。在其他工作方式中,串行接收到停止位时,该位置 1。RI＝1 表示一帧数据接收完毕,数据已装入接收缓冲器,并申请中断,要求 CPU 从接收缓冲器取走数据。该位的状态也可供软件查询。RI 同样必须由软件清零。

2) 电源控制寄存器 PCON

电源控制寄存器 PCON 的字节地址为 87H,不可位寻址,格式如表 4-12 所示。

表 4-12　电源控制寄存器 PCON 的格式

符号	字节地址	D7	D6	D5	D4	D3	D2	D1	D0	复位值
PCON	87H	SMOD	—	—	—	GF1	GF0	PD	IDL	0×××0000

PCON 是为了 CHMOS 的 MCS-51 系列单片机上实现电源控制而设置的,其中低 4 位是 CHMOS 器件的掉电方式控制位。在 HMOS 的 MCS-51 系列单片机中,PCON 寄存器只有最高位 SMOD 与串行口的工作有关。

SMOD 为波特率倍增位选择位。例如,方式 2 的波特率 $= 2^{SMOD} \times f_{osc}/64$。在串行口工作在方式 1、方式 2、方式 3 时,当 SMOD=1 时,则波特率提高一倍;若 SMOD=0 时,波特率不加倍。复位时,SMOD 位为 0。

4.3.3 串行口的 4 种工作方式

通过软件编程可使串行通信有 4 种工作方式,下面分别予以介绍。

1. 方式 0

在方式 0 下,串行口不用于单片机与计算机之间的串行通信,而是工作在同步移位寄存器输入输出状态,用于扩展并行 I/O 口。方式 0 以 8 位数据为一帧,没有起始位和停止位,低位在前,高位在后,其帧格式如图 4-26 所示。

图 4-26 方式 0 的帧格式

每个机器周期发送或接收一位,故波特率是固定的,为 $f_{osc}/12$(12T 模式)。8 位串行数据输入或输出都是通过 RXD(P3.0)端,而 TXD(P3.1)端用于送出同步移位脉冲,作为外部器件的同步移位信号。在方式 0 中,SCON 寄存器中的 SM2、RB8、TB8 都不起作用,一般设它们为 0 即可。

2. 方式 1

串行口定义为方式 1 时,是串行异步通信方式。TXD 为数据发送端,RXD 为数据接收端,波特率可变,由定时器 T1 的溢出率及 SMOD 位决定。一帧数据由 10 位组成,包括 1 位起始位、8 位数据位、1 位停止位,其帧格式如图 4-27 所示。

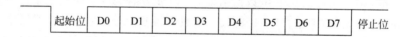

图 4-27 方式 1 的帧格式

方式 1 的发送也是在 TI=0 时由一条写发送缓冲器的指令开始的,启动发送后,串行口自动地插入一位起始位(逻辑 0),接着是 8 位数据(低位在前),然后插入一位停止位(逻辑 1),在发送移位脉冲作用下,依次由 TXD 端发出。一帧信息发完之后,自动维持 TXD 端的信号为 1。在 8 位数据发完之后,也就是在插入停止位时,使 TI 置 1,用以通知 CPU 可以发送下一帧数据。

方式 1 发送时的定时信号,也就是发送移位脉冲,是由定时/计数器 T1 送来的溢出信号经过 16 分频或者 32 分频(取决于 SMOD 的值是 0 还是 1)而取得的。因此,方式 1 的波特率受定时/计数器 T1 控制,可以随着定时器初值的不同而变化。

方式 1 的接收是在 REN=1 的条件下启动的,串行口采样引脚为 RXD(P3.0)。在无信号时,RXD 端的状态为 1,当采样到 1 到 0 的跳变时,确认是起始位 0,就开始接收一帧数据。在接收移位脉冲的控制下,把收到的数据一位一位地送入输入移位寄存器,直到 9 位数据全部收齐(包括一位停止位)。当 RI＝0 且停止位是 1 或者 SM2＝0 时,8 位数据送入接收缓冲器,停止位送入 RB8,同时使 RI 置 1;否则 8 位数据不装入接收缓冲器,放弃接收的数据结果。所以,方式 1 接收时,应先用软件清除 RI 或 SM2 标志。

3. 方式 2

方式 2 也是串行异步通信方式。TXD 为数据发送端,RXD 为数据接收端。一帧数据由 11 位组成,包括 1 位起始位、8 位数据位、1 位可编程位、1 位停止位,其帧格式如图 4-28 所示。

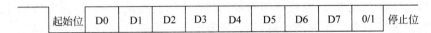

| 起始位 | D0 | D1 | D2 | D3 | D4 | D5 | D6 | D7 | 0/1 | 停止位 |

图 4-28　方式 2 的帧格式

方式 2 的波特率是固定的,只有两种:$f_{osc}/32$ 和 $f_{osc}/64$。

方式 2 的发送包括 9 位有效数据,在启动发送之前,要把发送的第 9 位数值装入 SCON 寄存器中的 TB8 位,对第 9 位数据起什么作用串行口不作规定,完全由编程人员来安排。编程人员需根据通信协议用软件设置 TB8(比如作奇偶校验位或地址数据标志位)。准备好 TB8 的值以后,在 TI＝0 的条件下,就可以执行一条写发送缓冲器的指令来启动发送。串行口能自动把 TB8 取出,并装入到第 9 位数据的位置,逐一发送出去。发送完毕,使 TI 置 1。这些过程与方式 1 基本相同。

方式 2 的接收与方式 1 相似,不同之处是要接收 9 位数据。方式 1 是把停止位当做第 9 位数据来处理,而在方式 2(或方式 3)中存在着真正的第 9 位数据。因此,接收数据真正有效的条件如下:

(1) RI＝0。

(2) SM2＝0 或接收的第 9 位数据为 1。

第一个条件是提供"接收缓冲器已空"的信息,即 CPU 已把接收缓冲器中上次收到的数据读走,允许再次写入。

第二个条件则提供了根据 SM2 的状态和接收到的第 9 位的状态来决定接收数据是否有效。若第 9 位是一般的奇偶校验位(单机通信时),应令 SM2＝0,以保证可靠的接收;若第 9 位作为地址/数据标志位(多机通信时),应令 SM2＝1,则当第 9 位为 1 时,接收的信息为地址帧,串行口将接收该组信息。

若上述两个条件成立,接收的前 8 位数据进入接收缓冲器以准备让 CPU 读取,接收的第 9 位数据进入 RB8,同时置位 RI。若以上条件不成立,则这次接收无效,放弃接收数据,即 8 位数据不装入接收缓冲器,也不置位 RI。

4. 方式 3

方式 3 同样是串行异步通信方式,其一帧数据格式以及接收、发送过程与方式 2 完全相同,所不同的仅在于波特率。方式 2 的波特率只有固定的两种,而方式 3 的波特率由定时器 T1 的溢出率及 SMOD 决定,这一点与方式 1 相同。

4.3.4　串行口波特率的计算

在串行通信中,收发双方必须采用相同的通信速率,即波特率。波特率是异步通信中数据传送速率的单位,其意义是每秒传送多少位二进制数。

假如数据传送的速率为 120 个字符/秒,每个字符由 1 个起始位、8 个数据位和 1 个停止位组成,那么其传送波特率为 $10 \times 120 = 1200 \text{b/s}$(位/秒)。如果波特率有偏差,将影响通信的成功率,如果误差大于 2% 则通信不会成功。

在串行口的 4 种工作方式中,方式 0 和方式 2 的波特率是固定的,而方式 1 和方式 3 的波特率是可变的,由定时/计数器 T1 的溢出率决定。

1. 方式 0 的波特率

串行口工作在方式 0 时,波特率与系统时钟频率 f_{osc} 有关,一旦系统时钟频率选定,方式 0 的波特率固定不变。在方式 0 时,每个机器产生一个移位脉冲,发送或接收一位数据。1 个机器周期等于 12 个时钟周期,所以波特率为时钟频率的 1/12,即

$$方式 0 的波特率 = f_{osc}/12$$

2. 方式 2 的波特率

串行口工作在方式 2 时,波特率由系统的时钟频率 f_{osc} 和 PCON 的最高位 SMOD 位决定,当 SMOD=0 时,波特率为 $f_{osc}/64$;当 SMOD=1 时,波特率为 $f_{osc}/32$,即

$$方式 2 的波特率 = \frac{2^{SMOD}}{64} \cdot f_{osc}$$

3. 方式 1 和方式 3

串行口工作在方式 1 或方式 3 时,移位时钟脉冲由定时/计数器 T1 的溢出率决定,所以波特率由 T1 的溢出率和 PCON 的最高位 SMOD 共同决定,其计算公式为

$$方式 1、3 的波特率 = \frac{2^{SMOD}}{32} \cdot T1 的溢出率$$

当 T1 作波特率发生器使用时,最典型的用法就是使 T1 作为定时器工作在模式 2,即 8 位自动重装模式,并且不允许 T1 中断。若计数初值为 X,则每过 $256 - X$ 个机器周期 T_{cy},T1 就会溢出一次,为了避免定时器溢出引起中断,此时禁止 T1 中断。则

$$溢出周期 = (256 - X) \cdot \frac{12}{f_{osc}}$$

溢出率即溢出周期的倒数,所以

$$方式 1、3 的波特率 = \frac{2^{SMOD}}{32} \times \frac{f_{osc}}{12 \times (256 - X)}$$

此时,定时器 T1 工作在模式 2 的初值为

$$X = 256 - \frac{f_{osc}(SMOD+1)}{384 \times 波特率}$$

【例 4-10】 已知 MCS-51 系列单片机的系统时钟频率为 11.0592MHz,选用定时器 T1 工作在模式 2 作波特率发生器,为产生 9600b/s 的波特率,求其计数初值 X。

解: 设 SMOD=0,则有

$$X = 256 - \frac{11.0592 \times 10^6 (0+1)}{384 \times 9600} = 253 = \text{FDH}$$

所以 TH1=TL1=FDH。

系统的时钟频率选为 11.0592MHz,是为了使初值为整数,波特率误差为 0,从而产生精确的波特率。表 4-13 列出了定时器 T1 工作在模式 2 时各种常用波特率及其初值。

表 4-13　定时器 T1 工作在模式 2 时各种常用波特率及其初值

设定波特率/(b/s)	时钟频率/MHz	SMOD	定时器 T1 初值	实际波特率/(b/s)	波特率误差/%
300	12	0	98H	300.4	0.16
		1	30H		
600	12	0	CCH	600.9	0.16
		1	98H		
1200	12	0	E6H	1201.9	0.16
		1	CCH		
2400	12	0	F3H	2403.8	0.16
		1	E6H		
4800	12	1	F3H	4807.6	0.16
300	11.0592	0	A0H	300	0.00
		1	40H		
600	11.0592	0	D0H	600	0.00
		1	A0H		
1200	11.0592	0	E8H	1200	0.00
		1	D0H		
2400	11.0592	0	F4H	2400	0.00
		1	E8H		
4800	11.0592	0	FAH	4800	0.00
		1	F4H		
9600	11.0592	0	FDH	9600	0.00
		1	FAH		
19 200	11.0592	1	FDH	19 200	0.00

4.3.5　串行通信的编程与应用

1. 串行通信的初始化编程

8051 系列单片机串行通信的初始化是可编程的,编写串行通信程序的基本步骤如下:

(1) 配置串行口的工作方式。

(2) 配置定时器 T1 为模式 2,即自动重装模式。

(3) 根据波特率计算 TH1 和 TL1 的初值,如果有需要,可以使用 PCON 的最高位 SMOD 进行波特率的加倍。

(4) 根据需要对寄存器 IE 置初值,使能串行口中断,禁止定时器 T1 中断。

(5) 启动定时器 T1。

2. 单片机与 PC 之间的串行通信

【例 4-11】　图 4-29 为单片机与 PC 之间串行通信电路图,设单片机的系统时钟为 11.0592MHz,实现 PC 与单片机之间的串行通信,PC 发送给单片机数据,单片机收到数据后将数据加 1 再返回给 PC。例如,PC 发送 0x01,单片机返回 0x02。

分析:Proteus 的 COMPIM 组件是一种串行口组件,它模拟了系统与实际物理环境的交互,当计算机生成的数字信号出现在物理 COM 口时,它能缓冲接收的数据,并将数据发送给 Proteus 仿真电路。如不希望使用物理串行口而使用虚拟串行口,可以使用串行口调

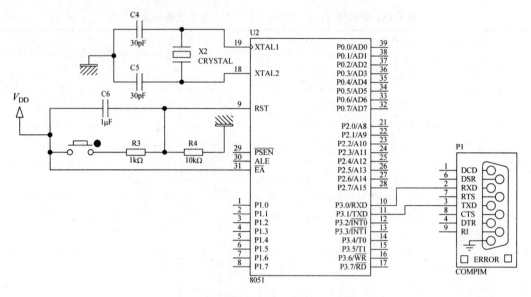

图 4-29　单片机与 PC 之间通信电路图

试助手软件与 Proteus 单片机直接交互，对于不存在物理串行口的 PC，还需要安装虚拟串行口驱动软件 Virtual Serial Port Driver 来添加虚拟串行口对。

单片机与 PC 之间通信软件流程图如图 4-30 所示。

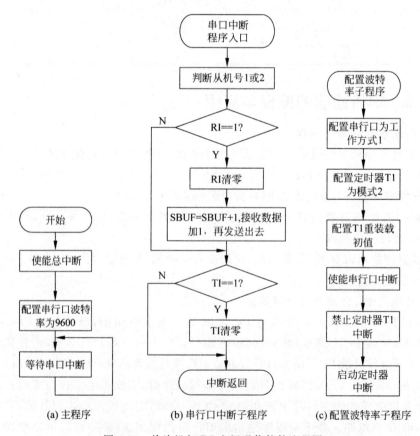

图 4-30　单片机与 PC 之间通信软件流程图

参考程序如下：

```c
#include<reg52.h>
void ConfigUART(unsigned int baud);
void main()
{
    EA = 1;                              //打开总中断
    ConfigUART(9600);                    //配置波特率为9600
    while(1);
}
/* 串行口配置函数,baud 为通信波特率 */
void ConfigUART(unsigned int baud)
{
    SCON = 0x50;                         //配置串行口为模式 1
    TMOD &= 0x0F;                        //定时器 T1 的控制位清零
    TMOD |= 0x20;                        //配置定时器 T1 为模式 2
    TH1 = 256 - (11059200/12/32) / baud; //SMOD 为 0,计算 T1 重装值
    TL1 = TH1;                           //初值等于重装值
    ES = 1;                              //打开串行口中断
    ET1 = 0;                             //禁止定时器 T1 中断
    TR1 = 1;                             //启动定时器 T1
 }
void InterruptUART() interrupt 4
{
    if (RI)                              //接收到字节
    {
        RI = 0;                          //手动将接收中断标志位清零
        SBUF = SBUF + 1;                 //接收数据 +1 发回去,左边为发送缓冲器,右边为接收缓冲器
    }
    if (TI)                              //字节发送完毕
    {
        TI = 0;                          //手动将发送中断标志位清零
    }
}
```

3. 单片机与单片机之间的串行通信

【例 4-12】 图 4-31 为单片机与单片机之间串行通信电路图,实现两个单片机之间的串行通信。利用串口方式 1 进行串行通信,串行波特率可通过键盘设定,可选的波特率为1200b/s、2400b/s、4800b/s、9600b/s。

仿真中,使用 TTL 电平通信接口,串行口直接相连,在实际的硬件实现中,如果串行口通信线路长(1.5～15m),可考虑采用 MAX232 进行电平转换,以延长传输距离。值得注意的是,为了减少波特率的计算误差,应采用 11.0592MHz 的晶振。

分析：串行波特率的设定最终归结到对定时器 T1 计数初值 TH1、TL1 的设定,本例通过对键盘输入得到设定的波特率,从而载入相应的 T1 计数初值 TH1、TL1 实现。运行时0xaa 从主机传输到从机上,并显示到从机的 LED 灯上,从而验证串行口通信的实现。单片

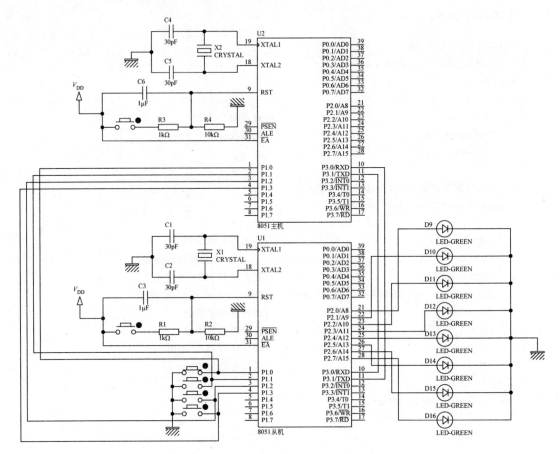

图 4-31　单片机与单片机之间通信电路图

机与单片机之间通信软件流程图如图 4-32 所示。

　　主机参考程序如下：

```c
# include < reg51.h >
sbit key0 = P1 ^ 0;
sbit key1 = P1 ^ 1;
sbit key2 = P1 ^ 2;
sbit key3 = P1 ^ 3;
unsigned char keyscan()                    //键盘扫描函数
{
    unsigned char keyscan_num,temp;
    P1 = 0xff;
    temp = P1;
    if( ~ (temp&0xff))
    {
        if(key0 == 0)
        {    keyscan_num = 0;    }
        else if(key1 == 0)
        {    keyscan_num = 1;    }
        else if(key2 == 0)
        {    keyscan_num = 2;    }
```

```
        else if(key3 == 0)
        {    keyscan_num = 3;        }
        else
        {    keyscan_num = 1;        }
        return keyscan_num;
    }
}
void spi_init1200()                         //波特率 1200
{
    SCON = 0x50;                            //8 位异步收发,波特率可变,运行接收数据
    PCON = 0x80;                            //波特率加倍
    TI = 0;                                 //软件清零,表示未发送完成
    EA = 1;                                 //开总中断
    ET1 = 0;                                //禁止 T1 中断
    TMOD = 0x20;                            //8 位自动装载模式
    TH1 = TL1 = 0xe8;
    TR1 = 1;                                //开启 T1
}
void spi_init2400()                         //波特率 2400
{
    SCON = 0x50;                            //8 位异步收发,波特率可变,运行接收数据
    PCON = 0x80;                            //波特率加倍
    TI = 0;                                 //软件清零,表示未发送完成
    EA = 1;                                 //开总中断
    ET1 = 0;                                //禁止 T1 中断
    TMOD = 0x20;                            //8 位自动装载模式
    TH1 = TL1 = 0xf4;
    TR1 = 1;                                //开启 T1
}
void spi_init4800()                         //波特率 4800
{
    SCON = 0x50;                            //8 位异步收发,波特率可变,运行接收数据
    PCON = 0x80;                            //波特率加倍
    TI = 0;                                 //软件清零,表示未发送完成
    EA = 1;                                 //开总中断
    ET1 = 0;                                //禁止 T1 中断
    TMOD = 0x20;                            //8 位自动装载模式
    TH1 = TL1 = 0xfa;
    TR1 = 1;                                //开启 T1
}
void spi_init9600()                         //波特率 9600
{
    SCON = 0x50;                            //8 位异步收发,波特率可变,运行接收数据
    PCON = 0x80;                            //波特率加倍
    TI = 0;                                 //软件清零,表示未发送完成
    EA = 1;                                 //开总中断
    ET1 = 0;                                //禁止 T1 中断
    TMOD = 0x20;                            //8 位自动装载模式
    TH1 = TL1 = 0xfd;
    TR1 = 1;                                //开启 T1
}
```

```c
void spi_send(unsigned char ch)
{
    SBUF = ch;
    while(TI == 0);                          //等待发送完成
    TI = 0;
}
void main()
{   unsigned char key_press;
    while(1)
    {   key_press = keyscan();
        switch(key_press)
        {   case 0:   spi_init1200();break;
            case 1:   spi_init2400();break;
            case 2:   spi_init4800();break;
            case 3:   spi_init9600();break;
            default: break;
        }
        spi_send(0xaa);
    }
}
```

从机参考程序如下：

```c
# include < reg51. h>
sbit key0 = P1 ^ 0;
sbit key1 = P1 ^ 1;
sbit key2 = P1 ^ 2;
sbit key3 = P1 ^ 3;
unsigned char keyscan()                   //键盘扫描函数
{
    unsigned char keyscan_num,temp;
    P1 = 0xff;
    temp = P1;
    if(~(temp&0xff))
    {   if(key0 == 0)
        {   keyscan_num = 0;   }
        else if(key1 == 0)
        {   keyscan_num = 1;   }
        else if(key2 == 0)
        {   keyscan_num = 2;   }
        else if(key3 == 0)
        {   keyscan_num = 3;   }
        else
        {   keyscan_num = 1;   }
        return keyscan_num;
    }
}
void spi_init1200()                       //波特率1200
{
    SCON = 0x50;                          //8位异步收发,波特率可变,运行接收数据
    PCON = 0x80;                          //波特率加倍
```

```
        TI = 0;                          //软件清零,表示未发送完成
        EA = 1;                          //开总中断
        ET1 = 0;                         //禁止 T1 中断
        TMOD = 0x20;                     //8 位自动装载模式
        TH1 = TL1 = 0xe8;
        TR1 = 1;                         //开启 T1
}
void spi_init2400()                      //波特率 2400
{
        SCON = 0x50;                     //8 位异步收发,波特率可变,运行接收数据
        PCON = 0x80;                     //波特率加倍
        TI = 0;                          //软件清零,表示未发送完成
        EA = 1;                          //开总中断
        ET1 = 0;                         //禁止 T1 中断
        TMOD = 0x20;                     //8 位自动装载模式
        TH1 = TL1 = 0xf4;
        TR1 = 1;                         //开启 T1
}
void spi_init4800()                      //波特率 4800
{
        SCON = 0x50;                     //8 位异步收发,波特率可变,运行接收数据
        PCON = 0x80;                     //波特率加倍
        TI = 0;                          //软件清零,表示未发送完成
        EA = 1;                          //开总中断
        ET1 = 0;                         //禁止 T1 中断
        TMOD = 0x20;                     //8 位自动装载模式
        TH1 = TL1 = 0xfa;
        TR1 = 1;                         //开启 T1
}
void spi_init9600()                      //波特率 9600
{
        SCON = 0x50;                     //8 位异步收发,波特率可变,运行接收数据
        PCON = 0x80;                     //波特率加倍
        TI = 0;                          //软件清零,表示未发送完成
        EA = 1;                          //开总中断
        ET1 = 0;                         //禁止 T1 中断
        MOD = 0x20;                      //8 位自动装载模式
        TH1 = TL1 = 0xfd;
        TR1 = 1;                         //开启 T1
}
void main()
{   unsigned char key_press;
    while(1)
    {   key_press = keyscan();
        switch(key_press)
        {   case 0:  spi_init1200();  break;
            case 1:  spi_init2400();  break;
            case 2:  spi_init4800();  break;
            case 3:  spi_init9600();  break;
            default: break;
```

```
        }
            while(RI == 0);
        }
    }
    void receive( ) interrupt 4
    {    RI = 0;
        P2 = SBUF;
    }
```

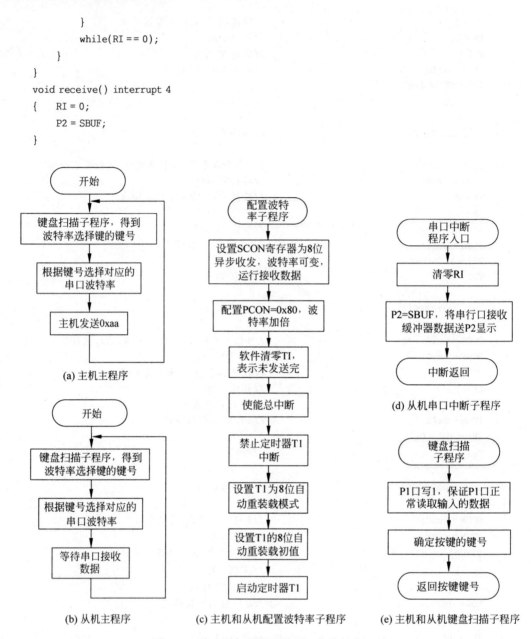

图 4-32　单片机与单片机之间通信软件流程图

4. 主从式多机串行通信的应用

在实际应用中,经常需要多个单片机之间协调工作,即多机通信。串行口用于多机通信时必须使用方式 2 或方式 3。由 MCS-51 系列单片机构成的多机系统常采用如图 4-33 所示的结构,在多机系统中,只有一个主机,其余都是从机。主机发送的信息可以被所有从机接收,任何一个从机发送的信息只能由主机接收。根据主机与各从机之间距离的远近、抗干扰性等要求,可选择 TTL 电平传输,RS-232C、RS-422A、RS-485 传输,当然采用不同的通信标准时,需要有相应的电平转换电路,有时还要对信号进行光电隔离。在实际的多机应用系统中,常采用 RS-485 串行标准进行数据传输。

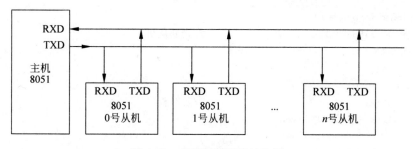

图 4-33　多机通信系统结构图

【例 4-13】　设有一台主机,两台从机,主机呼叫从机,若联系成功则主机向从机发送命令,从机利用 P1 口各状态值显示从机号。主频 11.0592MHz,波特率 9600b/s,主从机均采用查询工作方式。多机通信软件流程图如图 4-34 所示。

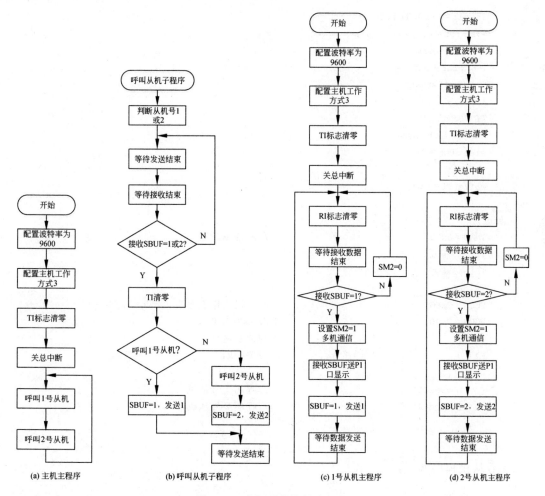

图 4-34　多机通信软件流程图

主机程序如下:

```c
#include "reg52.h"
void Device(unsigned char kc)
```

```c
{   unsigned int ret = 0;
    if(kc == 1)SBUF = 1;                    //判断从机号
    else SBUF = 2;
start:
    while(TI == 0)
    {   ret++;                              //延时程序
        if(ret == 60000) break;
    }
    if(ret == 60000)return;
    else ret = 0;
    while(RI == 0)
    {   ret++;                              //延时程序
        if(ret == 60000) break;
    }
    if(ret == 60000) return;
    else ret = 0;
    if(SBUF!= kc)
    {   SBUF = 0xff;
        goto start;
    }
    TI = 0;
    if(kc == 1) SBUF = 1;
    else SBUF = 2;
    TB8 = 1;
    while(TI == 0);
}
main()
{   TMOD = 0x20;                            //波特率设置
    TL1 = 0xFD;
    TH1 = 0xFD;
    TR1 = 1;
    SCON = 0xD8;                            //主机工作于方式3,REN = 1,TB1 = 1
    PCON = 0x00;                            //SMOD 为 0
    TI = 0;                                 //清发送标志
    EA = 0;                                 //关中断
    while(1)
    {   Device(1);                          //呼叫1号从机
        Device(2);                          //呼叫2号从机
    }
}
```

1号从机程序如下:

```c
#include "reg52.h"
#define Number 1
main()
{   TMOD = 0x20;                            //波特率设置
    TL1 = 0xFD;
    TH1 = 0xFD;
```

```
        TR1 = 1;
        SCON = 0xD8;                        //主机工作于方式 3,REN = 1,TB1 = 1
        PCON = 0x00;                        //SMOD 为 0
        TI = 0;                             //清发送标志
        EA = 0;                             //关中断
start:
        RI = 0;
        while(RI == 0);
        if(SBUF == Number)
        {
          SM2 = 1;
          P1 = SBUF;                        //点亮二极管
          SBUF = Number;
          while(TI == 0);                   //返回地址
          goto start;
        }
        else
        {   SM2 = 0;
            goto start;
        }
}
```

2 号从机程序如下：

```
# include "reg52.h"
# define Number 2
main()
{    TMOD = 0x20;                           //波特率设置
     TL1 = 0xFD;
     TH1 = 0xFD;
     TR1 = 1;
     SCON = 0xD8;                           //主机工作于方式 3,REN = 1,TB1 = 1
     PCON = 0x00;                           //SMOD 为 0
     TI = 0;                                //清发送标志
     EA = 0;                                //关中断
start:
     RI = 0;
     while(RI == 0);
     if(SBUF == Number)
     {   SM2 = 1;
         P1 = SBUF;                         //点亮二极管
         SBUF = Number;
         while(TI == 0);                    //返回地址
         goto start;
     }
     else
     {   SM2 = 0;
         goto start;
     }
}
```

本章小结

本章分为 3 部分。第一部分主要介绍了 MCS-51 单片机中断系统的概念、内部结构、4 个与中断相关的特殊功能寄存器的概念、中断处理过程以及中断程序的设计；第二部分主要介绍了 MCS-51 单片机定时/计数器的内部结构、两个相关的特殊功能寄存器 TMOD 和 TCON 的概念、定时/计数器的 4 种工作模式，以及定时/计数器的编程方法和应用设计；第三部分主要介绍了 MCS-51 单片机串行通信的概念、内部结构、两个与串行控制相关的特殊功能寄存器 SCON 和 PCON 的概念、串行口的 4 种工作方式、串行口波特率的计算方法以及串行通信的编程方法和应用设计。

思考题

4-1 什么是中断、中断优先级和中断源？

4-2 MCS-51 单片机有几个中断源？ 各中断标志是如何产生的？ 又是如何复位的？ CPU 响应各中断时，其中断入口地址是多少？

4-3 MCS-51 单片机的中断触发方式有几个？ 如何设置？

4-4 MCS-51 单片机中断响应条件是什么？ 中断响应过程是什么？

4-5 试编程实现中断嵌套的功能。

4-6 定时/计数器工作于定时和计数时有何异同点？

4-7 试设计程序利用定时/计数器 T1 从 P1.0 口输出 1000Hz 的方波，晶振频率为 12MHz。

4-8 什么是并行通信和串行通信？ 它们各有什么特点？

4-9 根据数据传输的方向，串行通信有哪几种方式？

4-10 什么是波特率？ 通信双方对波特率有什么要求？

4-11 与串行通信有关的寄存器有哪些？ 分别起到什么作用？

4-12 MCS-51 单片机 4 种工作模式的波特率如何确定？

## 第 5 章

MCS-51 单片机

综合应用设计

5.1 LED 数码管显示

5.1.1 LED 数码管的工作原理

1. 数码管的基本介绍

LED 数码管属于显示器件,一般是由 8 个发光二极管按照一定的图形排列并封装在一起构成。其中,7 个 LED 构成字形的 7 段,1 个 LED 作为小数点,因此也称为 8 段数码管。图 5-1 为数码管原理图,数码管共有 a、b、c、d、e、f、g、dp 这 8 个段,每一段都是一个 LED,总共由 8 个 LED 组成。利用发光段的不同组合可显示出各种数字或字符。

数码管的内部结构按照连接方式可以分为两种:共阳极数码管和共阴极数码管。不同的内部结构,工作原理有所不同。

所谓共阳极数码管,就是 8 个 LED 的阳极连接在一起作为公共端,如图 5-2 所示。工作时,公共端接高电平(例如,直接接电源),由阴极来控制 LED 的亮灭。当阴极送低电平时,LED 亮;当阴极送高电平时,LED 灭。

同理,所谓共阴数码管,就是 8 个 LED 的阴极接在一起作为公共端,如图 5-3 所示。工作时,公共端接低电平(例如,直接接地),由阳极来控制 LED 的亮灭。当阳极送高电平时,LED 亮;当阳极送低电平时,LED 灭。

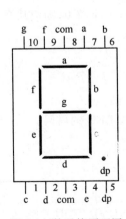

图 5-1　数码管原理图

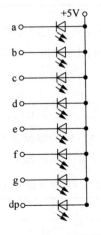

图 5-2　共阳极数码管图

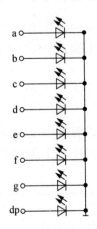

图 5-3　共阴极数码管

一个封装好的数码管上面通常有两个公共端(com)引脚,实际上就是数码管共阳或共阴的公共端,可以作为数码管的片选引脚,也叫作位选端。设置公共端有两个的原因:一方面可以起到对称的效果,刚好是10个引脚。另一方面,公共端通过的电流较大,并联电路电流之和等于总电流,用两个 com 引脚可以把公共电流分流,降低线路承受的电流。

数码管工作时,红色和黄色的 LED 的工作电压是 2V 的,其他颜色的工作电压都是3V。通常,可以使用电阻或者限流二极管来分压。一般的 LED 的工作电流是 20mA。

2. 数码管的段码

LED 数码管共 8 段,所以提供给数码管显示用的段码正好是一个字节,一般以 a 段为对应段码字节的最低位。段码与字节中各位的对应关系如表 5-1 所示。

表 5-1 段码与字节中各位的对应关系

代码位	D7	D6	D5	D4	D3	D2	D1	D0
显示段	dp	g	f	e	d	c	b	a

共阳极的 8 段 LED 是低电平点亮 LED,因此,如果要显示字符 0,则应从数码管的端口上输入 8 位二进制 11000000B(即 C0H)。段码表述如下:

dp g f e d c b a
<u>1 1</u> <u>0 0 0 0 0 0</u>   二进制
C   0   十六进制

共阳极 LED 数码管显示的字符以及全灭的段码如表 5-2 所示。

表 5-2 共阳极 8 段 LED 段码

显示字符	0	1	2	3	4	5	6	7
对应段码	C0H	F9H	A4H	B0H	99H	92H	82H	F8H
显示字符	8	9	A	B	C	D	E	F
对应段码	80H	90H	88H	83H	C6H	A1H	86H	8EH
显示字符	P	U	T	Y	H	L	全灭	
对应段码	8CH	C1H	CEH	91H	89H	C7H	FFH	

同理,共阴极的 8 段 LED 是高电平点亮 LED,因此,如果要显示字符 0,则应从数码管的端口上输入 8 位二进制 00111111B(即 3FH)。段码表述如下:

dp g f e d c b a
<u>0 0</u> <u>1 1 1 1 1 1</u>   二进制
3   F   十六进制

可以看出,知道共阳极 LED 的段码,只要取反就可得出共阴极 LED 的段码。

共阴极 LED 数码管显示的字符以及全灭的段码如表 5-3 所示。

表 5-3 共阴极 8 段 LED 段码

显示字符	0	1	2	3	4	5	6	7
对应段码	3FH	06H	5BH	4FH	66H	6DH	7DH	07H

续表

显示字符	8	9	A	B	C	D	E	F
对应段码	7FH	6FH	77H	7CH	39H	5EH	79H	71H
显示字符	P	U	T	Y	H	L	全灭	
对应段码	73H	3EH	31H	6EH	76H	38H	00H	

3. 数码管显示原理

数码管的显示方式可以分为静态和动态两种。

1）静态显示

静态显示，就是当需要多位数码管显示时，所有数码管同时处于显示状态。每一个数码管的段码都要独占具有锁存功能的输出端口，CPU把要显示的字符段码送到输出端口上，就可以使数码管显示对应的字符，直到下一次送出另外一个字符段码之前，显示的内容一直不会消失。

静态显示方式的优点：显示稳定，无闪烁，亮度较高，编程简单，节约CPU时间。

静态显示方式的缺点：对输出端口占用太多，硬件成本高。并且，如果几个数码管接在同一个端口上，只能同时显示同一个字符。

因此，静态显示方式一般用得比较少，只用在数码管只有一个的情况下。常见的静态显示数码管的连接电路如图5-4所示。

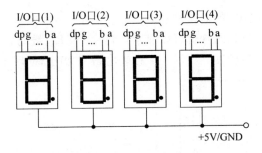

图 5-4　常见的静态显示数码管的连接电路

2）动态显示

动态显示，就是当需要多位数码管显示时，所有数码管不会同时处于显示状态，每一个数码管是通过扫描方式按位轮流点亮的。这种显示方式把多个数码管的a到dp各段对应地并联在一起，接到一个公共的输出端口上，而数码管的位选端分别接在另外一个输出端口的不同引脚上，按顺序依次选通，通过这两个输出端口的两组信号相互作用来产生显示效果。每一时刻，多位数码管只能有一位数码管的位选有效，它能够接收段码线提供的显示段码，所以各位数码管是轮流显示的。

虽然各位数码管按照一定顺序轮流显示，但只要扫描频率足够高，由于人眼的视觉暂留现象（约20ms），一个数码管延时显示1ms左右，就能看到多位字符"同时"连续稳定地显示。

动态显示方式的优点：能显著降低显示部分的硬件成本，大大简化显示接口的连线结构。例如，静态显示驱动4位数码管，需要4×8＝32根I/O口线；而动态显示驱动4位数码管,用两个端口(段码 8 根线,位码 4 根线),只需要 $1 \times 8 + 4 = 12$ 根 I/O 口线。

动态显示方式的缺点:需要不断地对数码管进行扫描,时间长,显示不如静态稳定,编程相对复杂。

常见的动态显示数码管的驱动电路如图 5-5 所示。图中共阳极的数码管采用三极管(8550)来增加驱动。由于基极电流很大,所以需要一个电阻来限制电流,防止烧坏单片机 I/O 口,阻值选择 $1k\Omega$。

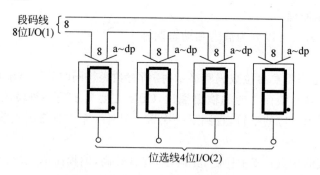

图 5-5　常见的动态显示数码管驱动电路

5.1.2　LED 数码管显示设计举例

1. 静态显示举例

【例 5-1】　设计一个 10s 的简易秒表。

设计思路:10s 用一位数码管就可以显示。将一个 LED 数码管接单片机的 P2 口,用静态显示方法设计 0~9 简易秒表。简易 10s 秒表电路图如图 5-6 所示。

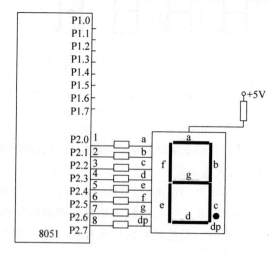

图 5-6　简易 10s 秒表电路

编程设计:设计秒表需要使用定时器,定时 1s 使数码管变化一次。由于产生周期为 1s 的方波,而 AT89S51 定时最长的是方式 1,当系统时钟频率为 12MHz 时,时长仅约为 0.066s(定时时间为:$t = M \times T_{cy} = 65\,536 \times 1\mu s$)。因此当定时时间较长时,用单个定时器不能直接实现。

为了解决定时时间较长的问题,可采用下面两种方法来实现:

(1) 硬软件结合方式。用一个定时器 T0 或 T1 定时,再用软件在此基础上进行多次循环,凑足 1s 的时间长度。

(2) 用两个定时计数器 T0 和 T1 级联。用 T0 定时 10ms,由 P1.0 输出 20ms 的周期方波,将 P1.0 接到 T1 的计数输入端,T1 工作在计数器方式,计数 50 次,T1 输出产生 1s 的定时。

这里采用方法 1,定时 0.25ms,循环 4000 次,达到 1s,简易 10s 秒表软件流程图如图 5-7 所示。

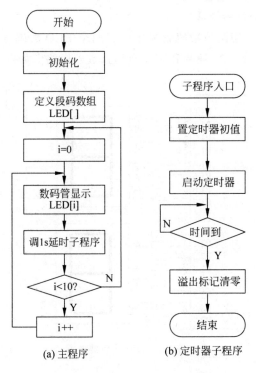

图 5-7　简易 10s 秒表软件流程图

参考程序如下:

```
#include <reg51.h>
//准备段码
unsigned char led[ ] = {0xc0,0xf9,0xa4,0xb0,0x99,0x92,0x82,0xf8,0x80,0x90};
void delay()                        //采用定时器 0 实现 0.5s 延时
{   unsigned int i;
    for(i = 0;i < 4000;i++)         //设置 4000 次循环
    {   TH0 = 0x06;                 //定时器 0 初值为 06H,即定时 0.25ms
        TL0 = 0x06;
        TR0 = 1;                    //启动 T0
        while(!TF0);                //查询,当 0.25ms 时间到时,TF0 = 1,向下执行
        TF0 = 0;                    //将 T0 溢出标志位 TF0 清零
    }
}
```

```
void  main()                                    //主函数
{    TMOD = 0x02;                                //设置定时器0工作于方式2
     unsigned char i;
     while(1)
     {    for(i = 0;i < 10;i++)
          {    P2 = led[i];                       //字形显示码送段控制口P2
               delay ();    }
     }
}
```

建议读者自己用方法2编程测试。

【例 5-2】 设计一个百秒计数器。

设计思路：100s 需要用两位数码管显示。将两个 LED 数码管接在单片机的 P1 和 P2 口，用静态显示方法设计 0～99 简易秒表。百秒计数器电路图如图 5-8 所示。

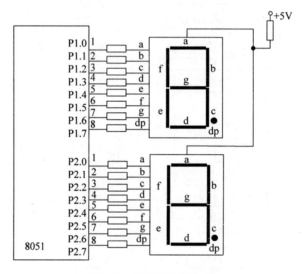

图 5-8　百秒计数器电路

编程设计：用 P1 口的数码管作为十位数，P2 口的数码管作为个位数。从 0 开始计数，1s 加 1，一直计到 99，然后清零，重新开始。需要用定时器，定时 50ms。百秒计数器软件流程图如图 5-9 所示。

参考程序如下：

```
# include < reg51. h >
unsigned char led[ ] = {0xc0,0xf9,0xa4,0xb0,0x99,0x92,0x82,0xf8,0x80,0x90};    //准备段码
unsigned char Num = 0;                          //定时器中断计数,20次为1s
unsigned char Sec = 0;                          //秒计数
void main(void)                                 //主函数,单片机开机后就从这个函数开始运行
{    // *** 定时器Timer0初始化 ***
     TMOD = 0x01;                               //设置定时器0为方式1
     TL0 = 0xB0;                                //设置定时器0初值低8位
     TH0 = 0x3C;                                //设置定时器0初值高8位
     TR0 = 1;                                   //启动定时器0
     ET0 = 1;                                   //Timer0中断允许
```

```
    EA = 1;                              //开全局中断
    while(1);                            //死循环,单片机初始化后,将一直运行这个死循环
  }
//定时器0中断服务程序,12MHz晶振,50ms进入一次中断
void  Timer0(void)  interrupt  1
{   TL0 = 0xB0;                          //定时50ms,设置定时器0初值低8位
    TH0 = 0x3C;                          //设置定时器0初值高8位
    Num++;
    if(Num == 20)                        //50ms进入一次中断,20次为1s
    {   Num = 0;                         //1s到,中断次数清零
      Sec++;                             //秒计数+1
      if(Sec == 99)                      //计数到99s,清零
      { Sec = 0; }                       //又从0开始计数到99
      P1 = led[Sec/10];                  //取出秒数的十位
      P2 = led[Sec % 10];                //取出秒数的个位
    }
}
```

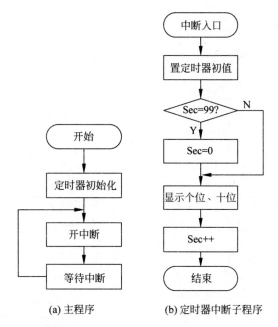

(a) 主程序　　　　　(b) 定时器中断子程序

图 5-9　百秒计数器软件流程图

2. 动态显示举例

【例 5-3】 设计一个简易电子时钟。

设计思路:一个简易电子时钟需要 6 位数码显示。因为是 6 个数码管,采用静态显示占用较多的接口资源,采用动态扫描的方式能够节省单片机的 I/O 接口资源。简易电子时钟的电路图如图 5-10 所示,采用 P1 口经 74LS245 缓冲驱动器接 LED 的显示字符端,提供段码;用 P2 口的 6 条线经 74LS04 反向器接 LED 控制口每一位,提供位选,控制 LED 的亮和灭。

编程设计:6 位数码管,从左到右,两位用来表示小时,两位用来表示分钟,两位用来表示秒。上电初始,全部显示 0,然后秒开始计时,够 60s 进 1min,够 60min 进 1h。计满 60h 重新开始计时。简易电子时钟软件流程图如图 5-11 所示。

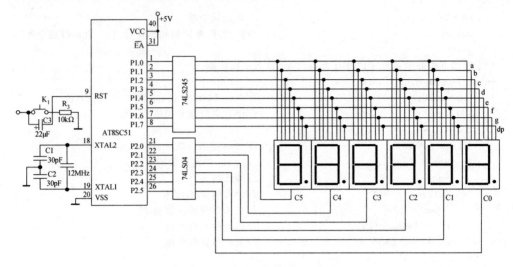

图 5-10　简易电子时钟电路图

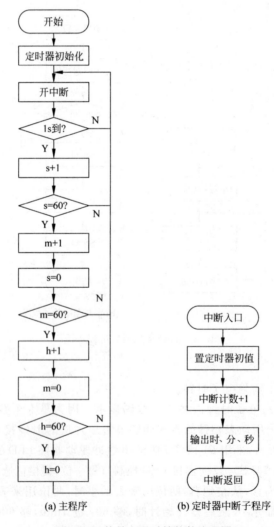

(a) 主程序　　　(b) 定时器中断子程序

图 5-11　简易电子时钟软件流程图

参考程序如下：

```c
# include < reg51.h >
unsigned char LedChar[ ] = {0x3f,0x06,0x5b,0x4f,0x66,0x6d,0x7d,0x07,
                           0x7f,0x6f};          //准备段码
unsigned int cnt = 0;                            //ms 进入中断计数
unsigned char LedBuff[6];                        //每位需要显示的数据先缓存,然后一起动态刷新
unsigned char s = 0,m = 0,h = 0;                 //秒,分,时
void main(void)                                  //主函数,单片机开机后就从这个函数开始运行
{   // *** 定时器 Timer0 初始化 ***
    TMOD = 0x01;                                 //设置定时器 0 为方式 1
    TH0 = 0x0FC;
    TL0 = 0x18;
    TR0 = 1;                                     //启动定时器 0
    ET0 = 1;                                     //Timer0 中断允许
    EA = 1;                                      //开全局中断
    while(1)                                     //死循环,单片机初始化后,将一直运行这个死循环
    {
        if(cnt > = 1000)                         //是否到 1s?
        {   cnt = 0;                             //是,计数清零
            s++;                                 //秒数加 1
            if(s > = 60)                         //是否到 1min
            { s = 0;                             //是,计数清零
              m++;                               //分钟数加 1
              if(m > = 60)                       //是否到 1h
              {
                  m = 0;                         //是,计数清零
                  h++;                           //时数加 1
                  if(h > 60)                     //大于 60h,重新计数
                  {
                      h = 0;                     //时分秒都清零
                      m = 0;
                      s = 0;
                  }
              }
            }
        }
        LedBuff[5] = LedChar[s % 10];            //秒数的个位存入缓存 LedBuff
        LedBuff[4] = LedChar[s/10];              //秒数的十位存入缓存 LedBuff
        LedBuff[3] = LedChar[m % 10];            //分钟数的个位存入缓存 LedBuff
        LedBuff[2] = LedChar[m/10];              //分钟数的十位存入缓存 LedBuff
        LedBuff[1] = LedChar[h % 10];            //小时数的个位存入缓存 LedBuff
        LedBuff[0] = LedChar[h/10];              //小时数的十位存入缓存 LedBuff
    }
}
//定时器 0 中断服务程序,12MHz 晶振,1ms 进入一次中断
void  Timer0(void)  interrupt  1                 //定时 1ms
{   static unsigned char i = 0;
    TH0 = 0x0FC;
```

```
        TL0 = 0x18;
        cnt++;                              //进入中断计数,1000 次为 1s
        P2 = 0x00;
        switch(i)
        {
            case 0: P2 = 0x01; i++; P1 = LedBuff[0];break;    //刷新小时数十位
            case 1: P2 = 0x02; i++; P1 = LedBuff[1];break;    //刷新小时数个位
            case 2: P2 = 0x04; i++; P1 = LedBuff[2];break;    //刷新分钟数十位
            case 3: P2 = 0x08; i++; P1 = LedBuff[3];break;    //刷新分钟数个位
            case 4: P2 = 0x10; i++; P1 = LedBuff[4];break;    //刷新秒数十位
            case 5: P2 = 0x20; i = 0; P1 = LedBuff[5];break;  //刷新秒数个位
            default:break;
        }
    }
```

5.2　单片机键盘接口技术

5.2.1　独立键盘和矩阵键盘

1. 键盘接口的基本功能

键盘接口的基本功能主要包括以下 4 个方面：

（1）去抖动。按键在被按下或被释放时有抖动现象,会干扰识别结果。因此,必须避开抖动状态,只有处在稳定的接通或断开状态时,才能保证识别正确无误。

（2）防串键。多个键同时按下,或者前一键没有释放而又有新键按下时,会给识别带来困难。防串键就是为了解决这些问题。

（3）按键识别。指如何识别被按键,常用行扫描法和线反转法。

（4）键码产生。为了从键的行列坐标编码得到反映键功能的键码,一般在内存中建立一个键盘编码表,通过查表获得键码。

2. 键盘的分类

按照接口的工作原理分类,键盘可以分为编码键盘和非编码键盘两大类。

编码键盘本身带有实现接口主要功能所需的硬件电路,可以直接通过硬件实现按键的识别。不仅能自动检测被按下的键,并完成去抖动、防串键等功能,而且能提供与被按键功能对应的键码(如 ASCII 码)送往 CPU。编码键盘具有硬件结构复杂、功能强的特点。例如,平时用的计算机键盘就是编码键盘。

非编码键盘是利用按键直接与单片机相连接而成,一般只是简单地提供按键开关的行列矩阵,有关按键的识别、键码的输入与确定、去抖动等功能都通过软件来完成。使用这种键盘,系统功能通常比较简单,需要处理的任务较少,通常用在按键数量较少的场合。非编码键盘硬件简单,可以降低成本,简化电路设计。但是,按下按键的键号信息必须通过软件来获取,软件编程量大。

本节重点介绍非编码键盘,它又可以分为独立键盘和矩阵键盘两种情况。

1) 独立键盘及其接口

独立键盘每个按键各接一条 I/O 口线,通过检测 I/O 输入线的电平状态,可以很容易地判断哪个按键被按下,独立键盘示意图如图 5-12 所示。

因为 51 单片机的有些 I/O 口不是双向口而是准双向口,要让 I/O 口具备输入功能,必须将 I/O 口置 1。置 1 之后,当按键按下时 I/O 口的电平会被拉低,即被置 0。当检测到 I/O 口为 0 时即可判断该按键已经按下。

独立键盘的优点:电路简单,各条检测线独立,识别按键号的软件编写简单。

独立键盘的缺点:在按键数目较多的场合要占用较多的 I/O 口线,只适用于按键数目较少的场合。

按键在闭合和断开时,触点会存在抖动的过程(弹片会抖动),时间为 5~10ms。由于单片机检测 I/O 口的速度非常快,超过了弹片抖动的频率,所以,会影响单片机对按键是否真正按下或释放的准确识别。按键抖动示意图如图 5-13 所示。

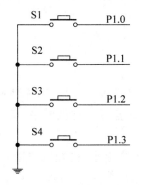

图 5-12　独立键盘示意图

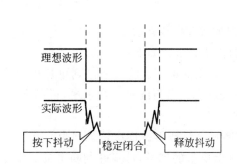

图 5-13　按键抖动示意图

为了解决按键抖动问题,常采用的按键去抖动的方法有两种:软件去抖和硬件去抖。

(1) 软件去抖。用软件延时来消除按键抖动,通过延时后再次检测实现。在检测到有键按下时,该键所对应的行线为低电平,执行延时 10ms 的子程序后,再检测 I/O 口确认该行线电平是否仍为低电平,如果仍为低电平,则确认该行确实有键按下;当按键松开时,行线的低电平变为高电平,执行延时 10ms 的子程序后,再检测该行线,若仍为高电平,说明按键确实已经松开。因为 I/O 口自带或外接有上拉电阻,所以当松开按钮时,I/O 口的行线电平又可以被拉高。

(2) 硬件去抖。指采用专门的硬件去抖电路帮助识别按键状态,例如采用触发器或者电容来保证足够的接触时间,以便识别。

实际应用中,硬件去抖这种方式的效果往往不是很好,而且还增加了成本和电路复杂程度,所以在实际中使用得并不多。在绝大多数情况下,采用软件编程来实现消抖。

2)矩阵键盘

矩阵(也称行列式)键盘由行线和列线组成,一组为行线,另一组为列线,按键位于行、列的交叉点上。

矩阵键盘的优点:适用于按键数目较多的场合,例如,4×4 矩阵键盘共 16 个键,仅需 8 根 I/O 线。如果一个按键占用一根 I/O 线,则 16 个按键就要占用 16 根 I/O 线。为了减少 I/O 口的使用,就需要用矩阵的方式连线,矩阵键盘电路图如图 5-14 所示。

矩阵式键盘的缺点:电路复杂,编程比独立式键盘复杂。

当键按下时,行线和列线短接,通过行线和列线的状态判断按键的状态。常用的按键判

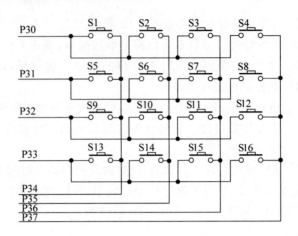

图 5-14 矩阵键盘电路图

别方法有扫描法和反线选法。

(1) 扫描法。步骤如下:

① 判断有无键按下。将行线接到单片机的输入口,列线接到输出口,先使所有列线低电平,读行线状态。若行线全为高电平,说明无按键按下;若行线有低电平,说明有按键按下,记录此行号。

② 判断哪个键按下。逐次让某列为低电平,其他列为高电平,检查行的输入状态,并记录使行线为低电平的列号,计算并判断出按下按键的位置。

(2) 反线选法。将所有行线置为输入状态,列线置为低电平,读行线;再将所有列线置为输入状态,行线置为低电平,读列线。有键按下时,通过判断两次读入状态可确定按键的位置。

5.2.2 键盘接口设计举例

1. 独立键盘接口设计

【例 5-4】 用独立键盘设计一个 8 路抢答器。

设计思路:可以采用中断方式设计,当键盘中有按键按下时,向单片机发出中断请求,在数码管上显示对应按键编号。在 P0 口上接一个数码管,P1 口上接 8 个独立按键组成的键盘。独立按键八路抢答器电路图如图 5-15 所示。

编程设计:设计一个中断服务子程序,在键盘有键按下时,单片机响应中断,执行键盘扫描程序中断服务子程序,识别出按下按键的键号,在数码管上显示对应编号。独立按键 8 路抢答器软件流程图如图 5-16 所示。

参考程序如下:

```c
# include< reg51.h>
bit key_flag;
unsigned char key_value;
unsigned char code Ledchar[ ]
= {0xc0,0xf9,0xa4,0xb0,0x99,0x92,0x82,0xf8,0x80,0x90};
void delay_10ms(void)                              //延时 10ms 函数,去抖
{    unsigned char a,b,c;
```

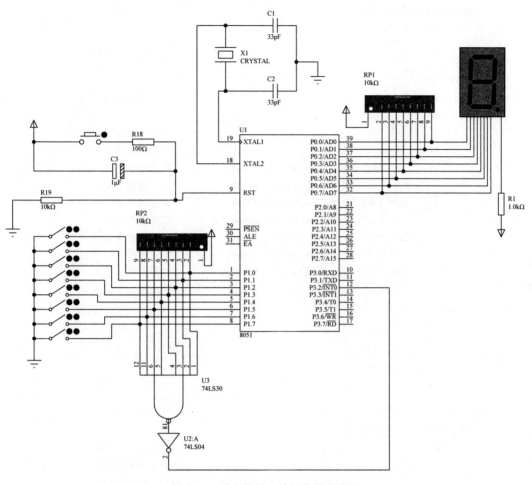

图 5-15　独立按键 8 路抢答器电路图

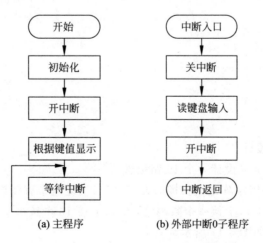

(a) 主程序　　　(b) 外部中断0子程序

图 5-16　独立按键 8 路抢答器软件流程图

```
        for(c = 5;c > 0;c -- );
        for(b = 4;b > 0;b -- );
        for(a = 248;a > 0;a -- );
    }
    void main()                                    //主函数
    {   IE = 0x81;
        key_flag = 0;                              //设置中断标志为0
        while(1)
        {   if(key_flag)                           //如果按键有效
            {   switch(key_value)                  //根据按键执行分支
                {   case 0x01:P0 = Ledchar[0]; break;    //0 号键按下显示 0
                    case 0x02:P0 = Ledchar[1]; break;    //1 号键按下显示 1
                    case 0x04:P0 = Ledchar[2]; break;    //2 号键按下显示 2
                    case 0x08:P0 = Ledchar[3]; break;    //3 号键按下显示 3
                    case 0x10:P0 = Ledchar[4]; break;    //4 号键按下显示 4
                    case 0x20:P0 = Ledchar[5]; break;    //5 号键按下显示 5
                    case 0x40:P0 = Ledchar[6]; break;    //6 号键按下显示 6
                    case 0x80:P0 = Ledchar[7]; break;    //7 号键按下显示 7
                    default: break;
                }
                key_flag = 0;
            }
        }
    }
    void int0() interrupt 0                        //中断服务程序
    {   unsigned char reread_key;
        IE = 0x80;                                 //屏蔽 INT0 中断
        key_flag = 0;                              //设置中断标志
        P1 = 0xff;                                 //P1 口锁存器置 1
        key_value = P1;                            //读入 P1 口的状态
        delay_10ms();                              //调延时 10ms
        reread_key = P1;                           //再次读入 P1 口的状态
        if(key_value == reread_key)
        {   key_flag = 1;                          //设置中断标志为 1
            key_value = ~key_value;
        }
        IE = 0x81;                                 //INT0 中断允许
    }
```

2. 矩阵键盘接口设计

【例 5-5】 用矩阵键盘设计一个 16 路抢答器。

设计思路：可以采用矩阵键盘扫描的方式设计，当键盘中有按键按下时，在数码管上显示对应按键编号。在 P0 口上接一个数码管，P2 口上接 16 个按键组成的矩阵键盘。矩阵键盘 16 路抢答器电路图如图 5-17 所示。

编程设计：设计一个键扫描函数，识别出哪个键按下后，在数码管上输出对应编号。矩阵键盘 16 路抢答器软件流程图如图 5-18 所示。

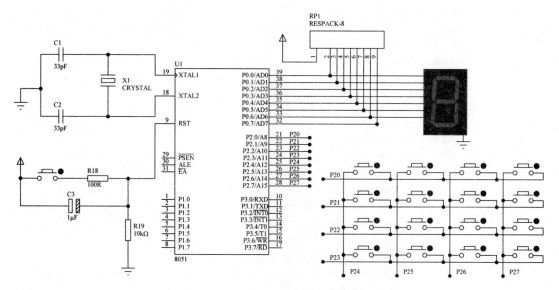

图 5-17 矩阵键盘 16 路抢答器电路图

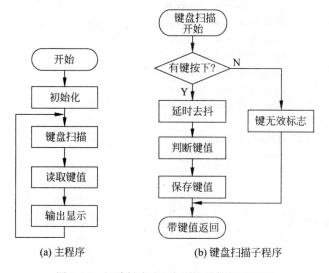

(a) 主程序　　　　　　　(b) 键盘扫描子程序

图 5-18 矩阵键盘 16 路抢答器软件流程图

参考程序如下：

```c
# include < reg51.h >
# include < intrins.h >
unsigned char num,temp;
void DealyM(unsigned int x)
{    unsigned char t;
     while(x--)
     {    for(t = 0;t < 120;t++);    }
}
unsigned char kscan(void)
{    unsigned char i,temp,num = 16;
     for(i = 0;i < 4;i++)
```

```
    {   P2 = _crol_(0xfe,i);
        temp = P2;
        temp = temp&0xf0;
        if(temp!= 0xf0)
        {   DealyM(20);
            temp = P2;
            temp = temp&0xf0;
            if(temp!= 0xf0)
            {   temp = P2;
                switch(temp)
                {   case 0xee:num = 0;break;
                    case 0xde:num = 1;break;
                    case 0xbe:num = 2;break;
                    case 0x7e:num = 3;break;
                    case 0xed:num = 4;break;
                    case 0xdd:num = 5;break;
                    case 0xbd:num = 6;break;
                    case 0x7d:num = 7;break;
                    case 0xeb:num = 8;break;
                    case 0xdb:num = 9;break;
                    case 0xbb:num = 10;break;
                    case 0x7b:num = 11;break;
                    case 0xe7:num = 12;break;
                    case 0xd7:num = 13;break;
                    case 0xb7:num = 14;break;
                    case 0x77:num = 15;break;
                }
                while((temp&0xf0)!= 0xf0)
                {   temp = P2;temp = temp&0xf0;        }
            }
        }
    }
    return num;
}
void main()
{   int num;
    P2 = 0x00;
    while(1)
    {   num = kscan();
        switch(num)
        {   case 0:P0 = 0x3f;break;
            case 1:P0 = 0x06;break;
            case 2:P0 = 0x5b;break;
            case 3:P0 = 0x4f;break;
            case 4:P0 = 0x66;break;
            case 5:P0 = 0x6d;break;
            case 6:P0 = 0x7d;break;
            case 7:P0 = 0x07;break;
            case 8:P0 = 0x7f;break;
            case 9:P0 = 0x6f;break;
```

```
                case 10:P0 = 0x77;break;
                case 11:P0 = 0x7c;break;
                case 12:P0 = 0x39;break;
                case 13:P0 = 0x5e;break;
                case 14:P0 = 0x79;break;
                case 15:P0 = 0x71;break;
            }
        }
}
```

5.3 D/A 转换接口技术

D/A 转换器是将数字量转换为模拟量的电路,主要用于自动化设备、数字通信、语音信息处理、医疗信息处理、图像信号的处理和识别、数据传输系统等。单片机内部是数字信息,如果与它相连接的设备需要模拟信息,就必须进行 D/A 转换。

5.3.1 D/A 转换器简介

1. D/A 转换器的组成及工作原理

D/A 转换器主要由电阻网络、切换开关、运算放大器和基准电压源构成。

D/A 转换的基本原理:首先,用二进制代码按位和权组合表示待输入的数字量,通过电阻网络,将 n 位数字量逐位转换成模拟量,即把每一位代码按其权的大小转换成相应的模拟量。然后,经运算器将各分量相加,从而得到一个与 n 位数字量成比例的模拟量。

例如,图 5-19 是一个 8 位的 T 型电阻网络 D/A 转换器,其输出电压的大小与数字量具有如下的对应关系:当 $R_{fb}=R$ 时,$V_0=-\left(\dfrac{V_{REF}}{2^8}\right)\times(2^7+2^6+2^5+2^4+2^3+2^2+2^1+2^0)$。

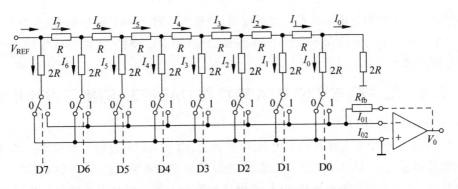

图 5-19 8 位 T 型电阻网络 D/A 转换器原理图

2. D/A 转换器的分类

按数据输入方式分,D/A 转换器有串行和并行两类。输入数据包括 8 位、10 位、12 位、14 位、16 位等多种规格。输入数据位数越多,分辨率也越高。

按输出模拟量的性质分,D/A 转换器有电流输出型和电压输出型两种。电压输出又有单极性和双极性之分,如 0~+5V、0~+10V、±2.5V、±5V、±10V 等,可以根据实际需要进行选择。

3. D/A 转换器的主要性能指标

1) 分辨率

分辨率是指输入数字量的最低有效位(LSB)发生变化时对应的输出模拟量(常为电压)的变化量。它反映了输出模拟量的最小变化值。

分辨率与输入数字量的位数有确定的关系,可以表示成 $FS/2^n$。FS 表示满量程输入值,n 为二进制位数。对于 5V 的满量程,采用 8 位的 DAC 时,分辨率为 5V/256 = 19.5mV;当采用 12 位的 DAC 时,分辨率则为 5V/4096 = 1.22mV。显然,位数越多,分辨率就越高。

2) 线性度

线性度(也称线性误差)是实际转换特性曲线与理想直线特性之间的最大偏差,常以相对于满量程的百分数表示。如 ±1% 是指实际输出值与理论值之差在满刻度的 ±1% 以内。

3) 绝对精度和相对精度

绝对精度(简称精度)是指在整个刻度范围内输入数码所对应的模拟量实际输出值与理论值之间的最大误差。绝对精度是由 DAC 的增益误差(当输入数码为全 1 时,实际输出值与理想输出值之差)、零点误差(数码输入为全 0 时,DAC 的非零输出值)、非线性误差和噪声等引起的。绝对精度(即最大误差)应小于 1 个 LSB。相对精度与绝对精度表示同一含义,用最大误差相对于满刻度的百分比表示。

4) 建立时间

建立时间是指输入的数字量发生满刻度变化时,输出模拟信号达到满刻度值的 ±1/2LSB 所需的时间。是描述 D/A 转换速率的一个动态指标。电流输出型 DAC 的建立时间短。电压输出型 DAC 的建立时间主要取决于运算放大器的响应时间。根据建立时间的长短,可以将 DAC 分成超高速(<1μs)、高速(1~10μs)、中速(10~100μs)、低速(≥100μs)几挡。

应当注意,精度和分辨率具有一定的联系,但概念不同。DAC 的位数多时,分辨率会提高,对应于影响精度的量化误差会减小,但其他误差(如温度漂移、线性不良等)的影响仍会使 DAC 的精度变差。

5.3.2 单片机与 8 位 D/A 转换器 DAC0832 的接口设计举例

1. DAC0832 简介

DAC0832 是使用非常普遍的 8 位 D/A 转换器,由于其片内有输入数据寄存器,故可以直接与单片机接口。DAC0832 是并行输入、电流输出型的通用 8 位 D/A 转换器,一般以电流形式输出,当需要转换为电压输出时,可外接运算放大器。它具有与微机连接简便、控制方便、价格低廉等优点,被广泛应用于微机系统中。属于该系列的芯片还有 DAC0830、DAC0831,它们可以相互代换。

1) 相关指标参数

DAC0832 的指标参数如下:

- 分辨率 8 位。
- 电流建立时间 1μs。
- 数据输入可采用双缓冲、单缓冲或直通方式。

- 输出电流线性度可在满量程下调节。
- 逻辑电平输入与 TTL 电平兼容。
- 单一电源供电(＋5V～＋15V)。
- 低功耗,仅 20mW。

2）内部结构

DAC0832 的内部结构如图 5-20 所示,主要包括 8 位的输入锁存器、8 位的 DAC 寄存器、8 位的 D/A 转换器和相应的门电路。

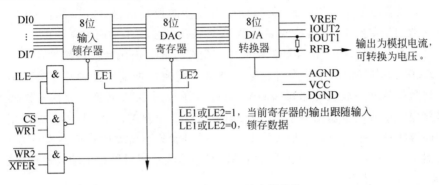

图 5-20　DAC0832 的内部结构

3）引脚功能

ILE:输入锁存允许信号,高电平有效。

$\overline{CS}$:输入寄存器选择信号,低电平有效。

$\overline{WR1}$:写信号 1,输入寄存器写选通信号,低电平有效。输入锁存器的锁存信号 LE1 由 ILE、$\overline{CS}$、$\overline{WR1}$ 的逻辑组合产生。当 ILE 为高电平,$\overline{CS}$ 和 $\overline{WR1}$ 同时为低电平时,LE1 为正脉冲,输入寄存器的输出随输入变化;当 $\overline{WR1}$ 变成高电平时,LE1 变为低电平,输入数据被锁存在输入锁存器中。

$\overline{WR2}$:写信号 2,即 DAC 寄存器的写选通信号,低电平有效。

$\overline{XFER}$:数据传送控制信号,低电平有效。DAC 寄存器的锁存信号 LE2 由 $\overline{XFER}$、$\overline{WR2}$ 的逻辑组合产生,当 $\overline{XFER}$ 和 $\overline{WR2}$ 同时为低电平时,LE2 为 1,DAC 寄存器的输出随它的输入而变化;当变为高电平后,LE2 变为 0,LE2 的负跳变将输入寄存器中的数据锁存在 DAC 寄存器中。

DI0～DI7:8 位数字输入端,DI0 为最低端,DI7 为最高端。

IOUT1:DAC 电流输出端 1,为数字输入端逻辑电平为 1 的各位输出电流之和。DAC 寄存器内容随输入端代码线性变化。DAC 寄存器的内容为全 1 时,IOUT1 最大;全为 0 时,IOUT1 最小。

IOUT2:DAC 电流输出端 2。IOUT2 等于常数减去 IOUT1,即 IOUT1＋IOUT2＝常数。此常数对应于一个固定基准电压的满量程电流。

RFB:反馈电阻。它被制作在芯片内部,用作 DAC 提供输出电压的运放的反馈电阻。

VREF:基准电源输入端,一般为 −10～10V,由外电路提供。

VCC:逻辑电源输入端,取值范围为 ＋5～＋15V,＋15V 最佳。

AGND:模拟地,为芯片模拟电路接地点。

DGND：数字地，为芯片数字电路接地点。

4）DAC0832 的 3 种工作方式

DAC0832 有以下 3 种工作方式：

（1）直通方式。两个数据输入寄存器都处于开通状态，即所有有关的控制信号都有效，输入寄存器和 DAC 寄存器中的数据随 DI0～DI7 的变化而变化，也就是说，输入的数据会被直接转换成模拟信号输出，这种方式在微机控制系统中很少采用。

（2）单缓冲方式。两个数据输入寄存器中只有一个处于受控选通状态，而另一个则处于常通状态；或者虽然是两级缓冲，但将两个寄存器的控制信号连在一起，一次同时选通。单缓冲方式适用于单路 D/A 转换或多路 D/A 转换而不必同步输出的系统中。

（3）双缓冲方式，即两个锁存器都接成受控锁存方式。由单片机两次发送控制信号，分时选通 DAC0832 内部的两个寄存器。第一次将待转换数据输入并锁存于输入锁存器中，第二次再将数据从前一级缓冲器写入 DAC 寄存器并送到 D/A 转换器完成一次转换输出。在要求多路模拟信号同步输出的系统中，必须采用双缓冲方式。按双缓冲方式的要求，设计电路必须能够实现以下两点：一是各路 D/A 转换器能分别将要转换的数据锁存在自己的输入寄存器中；二是各路 D/A 转换器的 DAC 寄存器能够同时锁存由输入寄存器送出的数据，也就实现了同步转换。

2. DAC0832 应用举例

【例 5-6】 用 DAC0832 设计一个方波发生器。

设计思路：采用 DAC0832 进行数模转换，采用示波器观察波形。方波发生器电路图如图 5-21 所示。

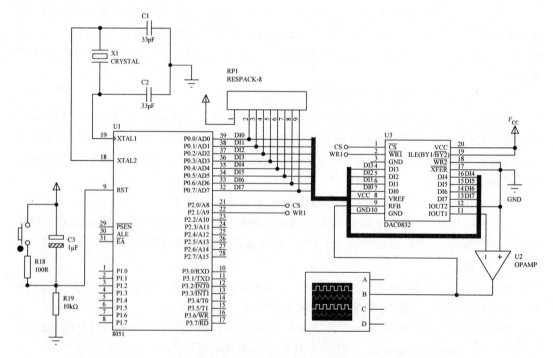

图 5-21　方波发生器电路图

编程设计：方波只有高电平和低电平两种状态，只需要固定周期输出就可以了。所以，除了 DAC0832 必须做的初始化工作之外，还要设计一个定时程序。方波发生器软件流程图如图 5-22 所示。

参考程序如下：

```
#include<reg51.h>
sbit cs = P2^0;              //DAC0832 片选
sbit wr = P2^1;              //DAC0832 读写
void delay(unsigned int ms)  //毫秒级延时
{    unsigned char i;
     while(ms--)
     {    for(i=0;i<120;i++);    }
}
void  main()                 //主函数
{    cs = 0;                 //选中芯片
     wr = 0;                 //写信号
     while(1)
     {    P0 = 0xFF;          //输出高电平
          delay(20);         //改变时间,可以改变频率
          P0 = 0x00;         //输出低电平
          delay(20);
     }
}
```

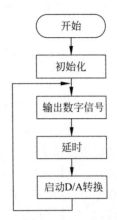

图 5-22　方波发生器软件流程图

5.4　A/D 转换接口技术

A/D 转换器是将模拟量转换为数字量的电路，主要用于信号测量、处理与控制的系统。单片机内部是数字信息，如果与它相连接的设备输出是模拟信息，就必须进行 A/D 转换之后才可以输入到单片机。

5.4.1　A/D 转换器简介

1. A/D 转换器的组成及工作原理

将模拟信号转换成数字信号的电路称为模数转换器（简称 A/D 转换器），A/D 转换的作用是将时间连续、幅值也连续的模拟量转换为时间离散、幅值也离散的数字信号，因此，A/D 转换一般要经过取样、保持、量化及编码 4 个过程。在实际电路中，这些过程有的是合并进行的，例如，取样和保持，量化和编码往往都是在转换过程中同时实现的。

A/D 转换就是要将模拟量 V（如 $V=5$V）转换成数字量 D（如 $D=255$）。模/数（A/D）转换的类型较多，如计数比较型、逐次逼近型、双积分型等。在集成电路器件中普遍采用逐次逼近型，现简要介绍逐次逼近型 A/D 的基本工作原理。图 5-23 为逐次逼近型的结构图。这种 A/D 转换器是以 D/A 转换器为基础，加上比较器、逐次逼近寄存器、置数选择逻辑电路及时钟等组成。

其转换原理如下。在启动信号控制下，首先置数选择逻辑电路给逐次逼近寄存器最高位置 1，经 D/A 转换成模拟量后与输入模拟量进行比较，电压比较器给出比较结果。如果输入量大于或等于经 D/A 变换后输出的量，则比较器为 1，否则为 0，置数选择逻辑电路根

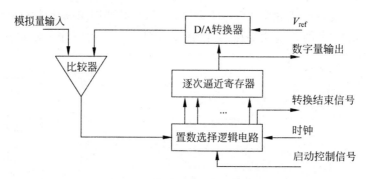

图 5-23 逐次逼近型结构框图

据比较器输出的结果修改逐次逼近寄存器中的内容,使其经 D/A 变换后的模拟量逐次逼近输入模拟量。这样经过若干次修改后的数字量便是 A/D 转换结果的量。

逼近型 A/D 大多采用二分搜索法,即首先取允许电压最大范围的 1/2 值与输入电压值进行比较,也就是首先最高为 1,其余位为 0。如果搜索值在此范围内,则再取此范围的 1/2 值,即次高位置 1;如果搜索值不在此范围内,则应以搜索值的最大允许输入电压值的另外 1/2 范围,即最高位为 0。依次进行下去,每次比较将搜索范围缩小 1/2,具有 n 位的 A/D 变换经 n 次比较即可得到结果。逐次逼近法变换速度较快,所以集成化的 A/D 芯片多采用上述方法。

A/D 转换需外部启动控制信号才能进行,分为脉冲启动和电平启动两种,使用脉冲启动的芯片有 ADC0804、ADC0809、ADC1210 等。使用电平启动的芯片有 ADC570、ADC571、ADC572 等。这一启动信号由 CPU 提供,当 A/D 转换器被启动后,通过二分搜索法经 n 次比较后,逐次逼近寄存器的内容才是转换好的数字量。因此,必须在 A/D 转换结束后才能从逐次逼近寄存器中取出数字量。为此 D/A 芯片专门设置了转换结束信号引脚,向 CPU 发转换结束信号,通知 CPU 读取转换后的数字量,CPU 可以通过中断或查询方式检测 A/D 转换结束信号,并从 A/D 芯片的数据寄存器(即图 5-23 中的逐次逼近寄存器)中取出数字量。

2. A/D 转换器分类

A/D 转换器分为 3 种类型。

1)积分型

积分型 A/D 转换器工作原理是:将输入电压转换成时间(脉冲宽度信号)或频率(脉冲频率),然后由定时/计数器获得数字值。其优点是用简单电路就能获得高分辨率,但缺点是由于转换精度依赖于积分时间,因此转换速率极低。初期的单片 A/D 转换器大多采用积分型,现在逐次比较型已逐步成为主流。

2)逐次比较型

逐次比较型 A/D 转换器由一个比较器和 D/A 转换器通过逐次比较逻辑构成,从最高有效位(MSB)开始,按顺序对每一位将输入电压与内置 D/A 转换器输出进行比较,经 n 次比较而输出数字值。其电路规模属于中等。其优点是速度较高,功耗低,在低分辨率(<12 位)时价格便宜,但高精度(>12 位)时价格很高。

3)并行比较型和串并行比较型

并行比较型 A/D 转换器采用多个比较器,仅作一次比较而实行转换,又称 Flash(快速)

型。由于转换速率极高，n 位的转换需要 $2n-1$ 个比较器，因此电路规模也极大，价格也高，只适用于视频 A/D 转换器等速度特别高的领域。

串并行比较型 A/D 转换器在结构上介于并行比较型和逐次比较型之间，最典型的是由 2 个 $n/2$ 位的并行比较型 A/D 转换器配合 D/A 转换器组成，用两次比较实行转换，所以称为 Half flash(半快速)型。还有分成 3 步或多步实现 A/D 转换的，叫作分级(Multistep/Subrangling)型，而从转换时序角度又可称为流水线(Pipelined)型，现代的分级型 A/D 转换器中还加入了对多次转换结果做数字运算而修正特性等功能。这类 A/D 转换器速度比逐次比较型高，电路规模比并行比较型小。

3. A/D 转换器主要技术性能指标

A/D 转换器的主要技术性能指标如下：

(1) 分辨率。表示输出数字量变化一个最低有效位(LSB)所对应的输入模拟电压的变化量。分辨率 $=V_{FSR}/2^n$，n 为 A/D 转换器输出的二进制位数。

(2) 量化误差。模拟量是连续的，而数字量是离散的，当 A/D 转换器的位数固定后，数字量不能把模拟量所有的值都精确地表示出来，这种由 A/D 转换器有限分辨率所造成的真实值与转换值之间的误差称为量化误差。一般量化误差为数字量的最低有效位所表示的模拟量，理想的量化误差容限是 $\pm1/2$ LSB。

(3) 转换精度。是一个实际的 A/D 转换器和理想的 A/D 转换器相比的转换误差。绝对精度一般以 LSB 为单位给出，相对精度则是绝对精度与满量程的比值。

(4) 转换时间。指 A/D 转换器完成一次 A/D 转换所需时间。转换时间越短，适应输入信号快速变化的能力越强。其倒数是转换速率。

(5) 温度系数。指 A/D 转换器受温度影响的程度。一般用环境温度变化1℃所产生的相对误差来表示，单位是 PPM/℃(10^{-6}/℃)。

5.4.2 单片机与并行 8 位 A/D 转换器 ADC0809 的接口设计举例

1. ADC0809 简介

ADC0809 是美国国家半导体公司生产的 CMOS 工艺 8 通道、8 位逐次逼近式 A/D 转换器。ADC0809 作为典型的 A/D 转换芯片，具有转换速度快、价格低廉及与微型计算机接口简便等一系列优点，目前在 8 位单片机系统中得到了广泛的应用。

1) 结构及转换原理

ADC0809 是带有 8 位 A/D 转换器、8 路模拟开关以及微处理机兼容的控制逻辑 CMOS 组件，为逐次逼近型 A/D 转换器，是目前应用比较广泛的 A/D 转换芯片之一，主要适用于对精度和采样速度要求不高的场合或一般的工业控制领域，可以和单片机直接相连。ADC0809 内部结构如图 5-24 所示，具有 8 路模拟开关及地址锁存与译码器、8 位 A/D 转换器、三态输出寄存器，可在程序控制下对任意通道进行 A/D 转换得到 8 位二进制数字量。

2) 引脚功能

ADC0809 采用 DIP-28(双列直插式)封装，其芯片引脚如图 5-25 所示。

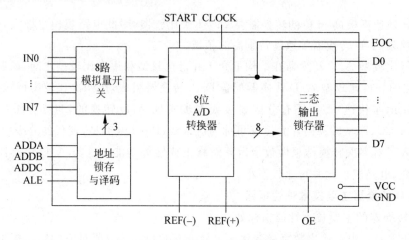

图 5-24　ADC0809 内部结构

ADC0809 各引脚功能介绍如下：

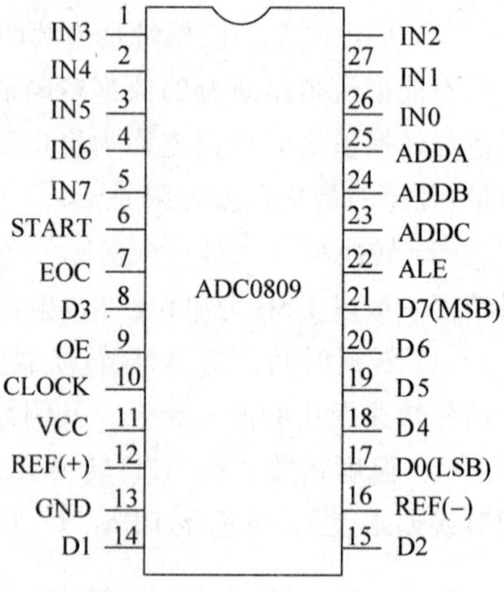

- IN0～IN7：8 路模拟信号输入端口。
- D0～D7：8 位数字量输出端口。
- START：启动控制输入端，一个正脉冲过后 A/D 开始转换。
- ALE：地址锁存控制端口。高电平时把 3 个地址信号送入地址锁存器，并经译码器得到地址输出，以选择相应的模拟输入通道。
- EOC：转换结束信号输出端。转换开始后，EOC 信号变低；转换结束时，EOC 返回高电平。这个信号可以作为 A/D 转换器的状态信号供查询，也可以用作中断请求信号。
- ENABLE：输出允许控制端口。ENABLE

端的电平由低变高时，打开输出锁存器，将转换结果的数字量送到数据总线上。

- CLK：时钟信号输入端口。
- REF（＋）和 REF（－）：参考电压输入端口。

图 5-25　ADC0809 芯片引脚

A/D 输入电压值与输出数字量的对应关系如表 5-4 所示。

表 5-4　A/D 输入电压值与输出数字量的关系

输入电压值	输出数字量(二进制)	输入电压值	输出数字量(二进制)
$V_{in}=V_{ref+}$	11111111	⋮	⋮
⋮	⋮	$V_{in}=V_{ref-}$	0000000
$V_{in}=(V_{ref+}-V_{ref-})/2$	1000000		

3）工作流程

完成一次 A/D 转换的一般流程如下：

（1）单片机工作寄存器初始化。

（2）送通道地址及启动转换信号。

（3）软件延时等待转换结束。

（4）送读取转换结果信号。

（5）输出转换结果。

2. ADC0809 应用举例

【例 5-7】　用 ADC0809 设计一个电压监测器。

设计思路：采用电位器作为信号输入，采用 ADC0809 进行模数转换，采用数码管显示数据。采用声光报警，电压监测器电路如图 5-26 所示。

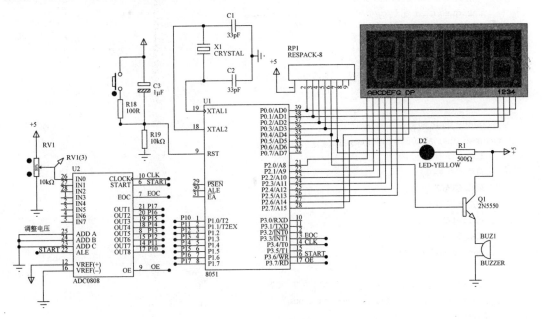

图 5-26　电压监测器电路

编程设计：要进行电压监测，不但要显示电压值，还应该设计报警的上下限。当电压超过限值时及时报警。电压监测器软件流程图如图 5-27 所示。

参考程序如下：

```
# include < reg51.h >
//警报: LED 与蜂鸣器引脚
sbit LED = P0 ^ 5;                  //低电平亮
sbit BEEP = P0 ^ 4;                 //高电平响
//ADC0809 相关引脚定义
# define        ADC_DATA    P1
sbit    ADC_EOC = P3 ^ 3;
sbit    ADC_CLK = P3 ^ 4;
sbit    ADC_START = P3 ^ 6;
sbit    ADC_OE = P3 ^ 7;
//4 位共阳数码管相关引脚定义
# define  SEG_DATA P2          //数码管段选码,共阳极数码管,
                               //低电平选通段选码
Sbit SEG_SEL_0 = P0 ^ 3;       //数码管位选: 第 0 位,共阳极数
                               //码管,高电平选通位选码
sbit  SEG_SEL_1 = P0 ^ 2;      //数码管位选: 第 1 位
```

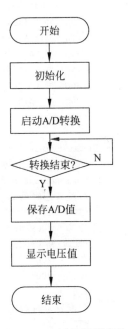

图 5-27　电压监测器软件
流程图

```
sbit    SEG_SEL_2 = P0 ^ 1;          //数码管位选: 第2位
sbit    SEG_SEL_3 = P0 ^ 0;          //数码管位选: 第3位
unsigned char code    seg[10] = {0xc0,0xf9,0xa4,0xb0,0x99, 0x92,0x82,
                                 0xf8,0x80,0x90};   //0~9 和小数点不亮
unsigned char code    seg_dot[10] = {0x40,0x79,0x24,0x30,0x19,0x12,0x02,
                                     0x78,0x00,0x10};   //0~9 和小数点亮
//粗略延时函数   AT89C51 & 12MHz
void delayms(unsigned int ms)
{    unsigned char a,b,c;
     while(ms -- )
     {    for(c = 1;c > 0;c -- );
          for(b = 142;b > 0;b -- );
          for(a = 2;a > 0;a -- );
     }
}
//ADC0809 转换函数
unsigned char ADC0809_GET(void)
{    ADC_START = 0;
     ADC_OE = 0;
     ADC_START = 1;
     ADC_START = 0;
     while(ADC_EOC == 0);
     ADC_OE = 1;
     return ADC_DATA;
}
//显示电压值,输入 0~255,显示 0.000~5.000
unsigned int print_volt(unsigned char num)
{    unsigned int volt = 0;
     volt = num/255.0 * 5000 + 0.5;
     //除 255.0 和除 255 有很大区别,除 255.0 会自动转换为 float 型,小数才能保持
     //而 volt/255 = 0, + 0.5 四舍五入
      seg0 = volt/1000 % 10;
      seg1 = volt/100 % 10;
      seg2 = volt/10 % 10;
      seg3 = volt % 10;
      return volt;
}
void main(void)                          //主函数
{    unsigned char adc_num = 0;          //ADC 采集到的值
     unsigned int volt = 0;              //电压值 0~5000,代表 0~5V
     //配置定时器 0
     ET0 = 1;
     TMOD &= 0xF0;
     TMOD |= 0x02;                       //定时器 0,模式 2,自动重装定时器
     TH0 = 200;                          //自动重装值
     TL0 = 200;
     TR0 = 1;
     //配置定时器 1
     ET1 = 1;
     TMOD &= 0x0F;                       //清除定时器 1 的配置,不改动定时器 0 的配置
     TMOD |= 0x10;                       //定时器 1 采用模式 1,不改动定时器 0 的模式
```

```
        TH1 = (65536 - 2000)/256;
        TL1 = (65536 - 2000)%256;
        TR1 = 1;
        //开总中断
        EA = 1;
        LED = 0;                            //初始化 LED 熄灭
        BEEP = 0;                           //初始化蜂鸣器关闭
        while(1)
        {   adc_num = ADC0809_GET();        //获取电压值
            volt = print_volt(adc_num);
            //在数码管上显示电压值,并返回一个 0~5000 的值,用于判断是否要报警
            if(volt > 2500)                 //如果值大于 2500,即 2.5V
            {   LED = 1;                    //蜂鸣器报警
                BEEP = 1;                   //LED 亮起
            }
            else                            //在正常范围内
            {   LED = 0;                    //蜂鸣器关闭
                BEEP = 1;                   //LED 熄灭
            }
            delayms(100);                   //防止电压读取过频繁
        }
}
void timer0() interrupt 1                   //定时器 0 中断,为 ADC0809 提供时钟信号
{   ADC_CLK = ~ADC_CLK;
    unsigned char t1_flag = 0;             //用于标记显示第几位数码管
    unsigned char seg0 = 0;                //第 0 位数码管的值
    unsigned char seg1 = 1;                //第 1 位数码管的值
    unsigned char seg2 = 2;                //第 2 位数码管的值
    unsigned char seg3 = 3;                //第 3 位数码管的值
}
void timer1() interrupt 3                   //定时器 1 中断函数,用于刷新数码管
{   TH1 = (65536 - 2000)/256;
    TL1 = (65536 - 2000)%256;
    SEG_SEL_0 = 0;
    SEG_SEL_1 = 0;
    SEG_SEL_2 = 0;
    SEG_SEL_3 = 0;
    SEG_DATA = 0xff;
    if(t1_flag == 0)
    {   SEG_SEL_0 = 1;                      //选通第 0 位数码管
        SEG_SEL_1 = 0;
        SEG_SEL_2 = 0;
        SEG_SEL_3 = 0;
        SEG_DATA = seg_dot[seg0];          //显示带小数点的数
    }
    else if(t1_flag == 1)
    {   SEG_DATA = seg[seg1];
        SEG_SEL_0 = 0;
        SEG_SEL_1 = 1;                      //选通第 1 位数码管
        SEG_SEL_2 = 0;
        SEG_SEL_3 = 0;
```

```
    }
    else if(t1_flag == 2)
    {   SEG_DATA = seg[seg2];
        SEG_SEL_0 = 0;
        SEG_SEL_1 = 0;
        SEG_SEL_2 = 1;                    //选通第2位数码管
        SEG_SEL_3 = 0;
    }
    else if(t1_flag == 3)
    {   SEG_DATA = seg[seg3];
        SEG_SEL_0 = 0;
        SEG_SEL_1 = 0;
        SEG_SEL_2 = 0;
        SEG_SEL_3 = 1;                    //选通第3位数码管
    }
    t1_flag++;                            //自加1
    t1_flag = t1_flag%4;                  //让t1_flag在0和3之间循环
}
```

5.5　单片机与液晶显示器的接口

数码管显示器仅仅能显示数字和一些特殊的字符,为了满足更多字符、汉字以及图形显示要求,本节主要介绍两种具有代表性的液晶显示器(LCD)——1602和12864液晶显示器。

5.5.1　液晶显示器介绍

1. 1602液晶显示器介绍

1602液晶显示器是专门用于显示字母、数字、符号等的点阵型液晶显示模块,分4位和8位数据传输方式,提供5×7点阵＋游标的显示模式,本节所讲的1602 LCD以8位并行操作为主。液晶显示器的型号命名是根据此种液晶所能显示的行和列所决定的,例如1602 LCD每行显示16个字符,共显示2行。

1) 1602 LCD的主要技术参数

1602 LCD的主要技术参数如表5-5所示。

表5-5　1602 LCD主要技术参数

项　　目	参　考　值
逻辑工作电压(V_{DD})	＋4.8～＋5.2V
LCD驱动电压($V_{DD}-V_o$)	＋3.0～＋5.0V
工作温度(T_a)	－20～＋70℃(宽温)
储存温度(T_{sto})	－30～＋80℃(宽温)
工作电流(背光除外)	1.7mA(max)
工作电流(背光)	24.0mA(max)

2）1602 LCD 引脚定义

1602 LCD 引脚定义如表 5-6 所示。

表 5-6 1602 LCD 引脚定义

引 脚 编 号	引 脚 名 称	引脚功能描述
1	GND	电源负极
2	VDD	电源正极
3	V0	背景亮度调节端
4	RS	指令/数据选择信号
5	R/W	读/写选择信号
6	E	信号使能信号
7	D0	数据 0
8	D1	数据 1
9	D2	数据 2
10	D3	数据 3
11	D4	数据 4
12	D5	数据 5
13	D6	数据 6
14	D7	数据 7
15	BL1	背光电源正极
16	BL2	背光电源负极

RS＝0 为命令模式，RS＝1 为数据模式。R/W＝0 为写模式，R/W＝1 为读模式。引脚 3 可以接入一个电位器，用来调节背景亮度的明暗，也可以接入一个固定阻值的电阻以固定显示器的亮度。

3）1602 LCD 内部 RAM 结构

1602 LCD 内部 RAM 结构如图 5-28 所示，第一行的存储器地址范围为 0x00～0x27，第二行的存储器地址范围为 0x40～0x67。由于每一行的最多能显示 16 个地址的字符，当数据写入 0x10～0x27 或者 0x50～0x67 地址时，须通过移屏指令移入到可显示的区域显示。

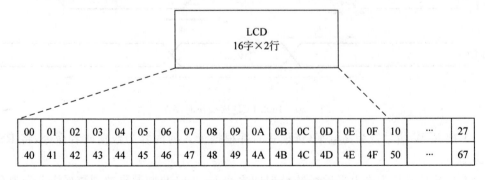

图 5-28 1602 LCD 内部 RAM 结构

4）1602 LCD 读/写操作时序

通过分析图 5-29 所示的 1602 LCD 写操作时序图可知，用单片机对 1602 LCD 写数据分为以下的步骤：

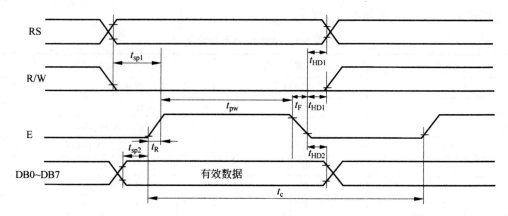

图 5-29　1602 LCD 写操作时序图

（1）把 R/W 信号置为低电平（写模式），并根据写入的内容为数据或者命令，将 RS 置为 1 或者 0。

（2）把相应的数据或者命令放到数据线上，经过 t_{sp2} 放入到数据线上的数据才能变为有效数据。

（3）将 E 信号拉为高电平并延迟 t_{pw} 时间之后拉为低电平，即完成写操作时序。

通过分析图 5-30 所示的 1602 LCD 读操作时序图可知，用单片机对 1602 LCD 读数据分为以下的步骤：

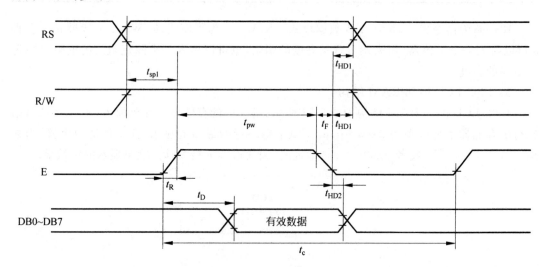

图 5-30　1602 LCD 读操作时序图

（1）把 R/W 信号置为高电平（读模式），并根据读入的内容为数据或者命令，将 RS 置为 1 或者 0。

（2）在 E 信号拉为高电平后经过 t_D 时间之后 1602 LCD 将数据放到数据线上变为有效的数据以供读取。

（3）E 信号维持 t_{pw} 高电平之后拉为低电平，即完成读操作时序。

5）1602 LCD 指令

（1）忙检测标志 BF，指令码如下：

RS	R/W	DB7	DB6	DB5	DB4	DB3	DB2	DB1	DB0
0	1	BF	AC6	AC5	AC4	AC3	AC2	AC1	AC0

当 RS＝0 和 R/W＝1 时，在 E 信号高电平的作用下，BF 和 AC6～AC0 被读到数据总线 DB7 ～ DB0 的相应位。BF 为内部操作忙标志，BF＝1，表示模块正在进行内部操作，此时模块不接收任何外部指令和数据，直到 BF＝0 为止。

（2）清屏，指令码如下：

RS	R/W	DB7	DB6	DB5	DB4	DB3	DB2	DB1	DB0
0	0	0	0	0	0	0	0	0	1

清屏指令将内容全部清除，显示消失；地址计数器 AC＝0，自动增 1 模式；显示归位，游标或者闪烁回到原点（显示屏左上角）；但并不改变移位元设置模式。

（3）设置输入模式，指令码如下：

RS	R/W	DB7	DB6	DB5	DB4	DB3	DB2	DB1	DB0
0	0	0	0	0	0	0	1	I/D	S

I/D 为字符码写入或读出 DDRAM 后 DDRAM 地址指针 AC 变化方向标志。

- I/D＝1，完成一个字符码传送后，游标右移，AC 自动加 1。
- I/D＝0，完成一个字符码传送后，光标左移，AC 自动减 1。

S：显示移位元标志。

- S＝1，将全部显示向右（I/D＝0）或者向左（I/D＝1）移位。
- S＝0，显示不发生移位元。

S＝1 时，显示移位元时，游标似乎并不移位；此外，读 DDRAM 操作以及对 CGRAM 的访问不发生显示移位元。

（4）显示开/关控制，指令码如下：

RS	R/W	DB7	DB6	DB5	DB4	DB3	DB2	DB1	DB0
0	0	0	0	0	0	1	D	C	B

D 为显示开/关控制标志。D＝1，开显示；D＝0，关显示。关显示后，显示数据仍保持在 DDRAM 中，立即开显示可以再现。

C 为游标显示控制标志。C＝1，游标显示；C＝0，游标不显示。不显示游标并不影响模块其他显示功能；显示 5×8 点阵字符时，游标在第 8 行显示，显示 5×10 点阵字符时，游标在第 11 行显示。

B 为闪烁显示控制标志。B＝1，游标所指位置上交替显示全黑点阵和显示字符，产生闪烁效果，f_{osc}＝250kHz 时，闪烁频率为 0.4ms 左右。通过设置，游标可以与其所指位置的字符一起闪烁。

（5）功能设置，指令码如下：

RS	R/W	DB7	DB6	DB5	DB4	DB3	DB2	DB1	DB0
0	0	0	0	1	DL	N	F	*	*

DL 为数据接口宽度标志。

- DL=1,8 位数据总线 DB7～DB0。
- DL=0,4 位数据总线 DB7～DB4,而 DB3～DB0 不用。使用此方式传送数据,需分两次进行。

N 为显示行数标志。N=1,两行显示模式；N=0,单行显示模式。

F 为显示字符点阵字体标志。F=1,5×10 点阵＋游标显示模式；F=0,5×7 点阵＋游标显示模式。

2. 12864 LCD 介绍

12864 LCD 是 128×64 点阵液晶模块的简称。12864 LCD 可显示汉字及图形,内置8192 个中文汉字（16×16 点阵）、128 个字符（8×16 点阵）及 64×256 点阵显示 RAM（GDRAM）。

1) 主要技术参数

12864 LCD 主要技术参数如表 5-7 所示。

表 5-7　12864 LCD 主要技术参数

项　　目	技 术 参 数
电源	VDD 3.3V～+5V
显示内容	128×64(列×行)
显示颜色	黄绿/蓝屏/灰屏
显示角度	6：00 钟直视
与 MCU 接口类型	8 位或 4 位并行/3 位串行
软件功能	光标显示、画面移位、自定义字符、睡眠模式等

2) 引脚定义说明

12864 LCD 引脚定义说明如表 5-8 所示。

表 5-8　12864 LCD 引脚定义说明

引 脚 编 号	引 脚 名 称	引脚功能描述
1	GND	电源负极
2	VDD	电源正极
3	V0	LCD 驱动电压输出端(可悬空)
4	RS(CS)	指令/数据选择信号；串行的片选信号
5	R/W(SID)	读/写选择信号；串行的数据口
6	E(CLK)	信号使能信号；串行的同步时钟
7	DB0	数据 0
8	DB1	数据 1

续表

引脚编号	引脚名称	引脚功能描述
9	DB2	数据 2
10	DB3	数据 3
11	DB4	数据 4
12	DB5	数据 5
13	DB6	数据 6
14	DB7	数据 7
15	PSB	并/串行接口选择：H 为并行，L 为串行
16	NC	空脚
17	/RST	复位，低电平有效
18	VOUT	倍压输出脚($V_{DD}=+3.3V$ 有效)可悬空
19	LED_A	背光电源正极(LED+5V)
20	LED_K	背光电源负极(LED-0V)

3) 12864 LCD 并行读/写时序图

通过对图 5-31 所示的 12864 LCD 的写操作时序图分析可知，向 12864 LCD 写入数据分为以下的步骤：

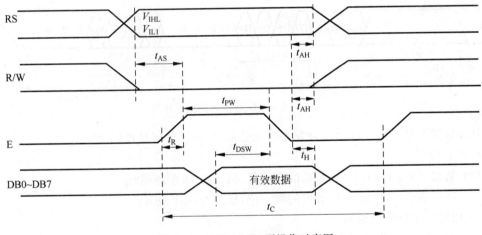

图 5-31　12864 LCD 写操作时序图

(1) 把 R/W 信号置为低电平(写模式)，并根据写入的内容为数据或者命令，将 RS 置为 1 或者 0。

(2) 在 E 信号拉为高电平一段时间之后放到数据线上变为有效的数据以供读取。

(3) E 信号维持 TPM 高电平之后拉为低电平，即完成写操作时序。

与写操作时序过程非常相似，读者可自行根据图 5-32 所示的 12864 LCD 读操作时序图进行分析。

4) 12864 LCD 串行操作时序图

12864 LCD 串行操作时序图如图 5-33 所示，串行数据传送共分 3 个字节完成。

(1) 第一字节：串口控制，格式为 11111ABC。

A 为数据传送方向控制。H 表示数据从 LCD 到 MCU，L 表示数据从 MCU 到 LCD。

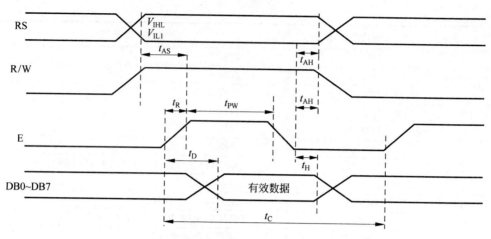

图 5-32　12864 LCD 读操作时序图

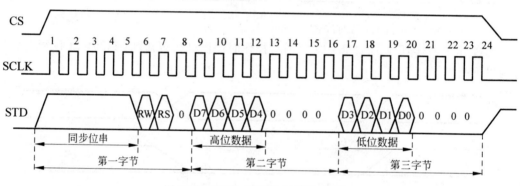

图 5-33　12864 LCD 串行操作时序图

B 为数据类型选择。H 表示数据是显示数据，L 表示数据是控制指令。

C 固定为 0。

（2）第二字节：（并行）8 位数据的高 4 位，格式为 DDDD0000。

（3）第三字节：（并行）8 位数据的低 4 位，格式为 0000DDDD。

5）12864 LCD 指令说明

以下是 12864 LCD 基本指令（RE＝0）。

（1）清空显示，指令码如下：

RS	R/W	DB7	DB6	DB5	DB4	DB3	DB2	DB1	DB0
0	0	0	0	0	0	0	0	0	1

功能：清除显示屏幕，把 DDRAM 位址计数器调整为 00H。

（2）位址归位，指令码如下：

RS	R/W	DB7	DB6	DB5	DB4	DB3	DB2	DB1	DB0
0	0	0	0	0	0	0	1	I/D	S

功能：把 DDRAM 位址计数器调整为 00H，游标回到原点。该功能不影响显示 DDRAM 功能，执行该命令后，所设置的行将显示在屏幕的第一行。显示起始行是由 Z 地址计数器控制的，该命令自动将 A0～A5 位地址送入 Z 地址计数器，起始地址可以是 0～63 的任意一行。Z 地址计数器具有循环计数功能，用于显示行扫描同步，当扫描完一行后自动加 1。

（3）显示状态开/关，指令码如下：

RS	R/W	DB7	DB6	DB5	DB4	DB3	DB2	DB1	DB0
0	0	0	0	0	0	1	D	C	B

D 为显示开/关控制标志。D＝1，开显示；D＝0，关显示。关显示后，显示数据仍保持在 DDRAM 中，立即开显示可以再现。

C 为游标显示控制标志。C＝1，游标显示；C＝0，游标不显示。不显示游标并不影响模块其他显示功能。

B 为闪烁显示控制标志。B＝1，游标所指位置上。

（4）功能设定，指令码如下：

RS	R/W	DB7	DB6	DB5	DB4	DB3	DB2	DB1	DB0
0	0	0	0	1	DL	×	0 RE	×	×

功能：DL 用于设置数据宽度，必须使 DL＝1，设置为 8 位数据宽度；RE 用于选择基本指令集动作或拓展指令集动作，RE＝0 为基本指令集动作，RE＝1 为拓展指令集动作。

（5）忙检测标志 BF，指令码如下：

RS	R/W	DB7	DB6	DB5	DB4	DB3	DB2	DB1	DB0
0	1	BF	AC6	AC5	AC4	AC3	AC2	AC1	AC0

功能：读取忙状态（BF）可以确认内部动作是否完成，同时可以读出位址计数器（AC）的值。

以下是 12864 LCD 拓展指令（RE＝1）。

（1）扩充功能设定，指令码如下：

RS	R/W	DB7	DB6	DB5	DB4	DB3	DB2	DB1	DB0
0	0	0	0	1	1	X	1 RE	G	0

功能：RE＝1，扩充指令集动作；RE＝0，基本指令集动作；G＝1，绘图显示打开；G＝0，绘图显示关闭。

（2）卷动位址或 IRAM 位址选择，指令码如下：

RS	R/W	DB7	DB6	DB5	DB4	DB3	DB2	DB1	DB0
0	0	0	0	0	0	0	0	1	SR

功能：SR＝1，允许输入卷动地址；SR＝0，允许输入卷动地址。

（3）设定 IRAM 位址或卷动位址，指令码如下：

RS	R/W	DB7	DB6	DB5	DB4	DB3	DB2	DB1	DB0
0	0	0	1	AC5	AC4	AC3	AC2	AC1	AC0

功能：根据卷动地址或 IRAM 位址输入的状态并设定相应的位址。SR＝1，AC5～AC0 为垂直卷动位址；SR＝0，AC3～AC0 写 ICONRAM 位址。

（4）设定绘图 RAM 位址，指令码如下：

RS	R/W	DB7	DB6	DB5	DB4	DB3	DB2	DB1	DB0
0	0	1	AC6	AC5	AC4	AC3	AC2	AC1	AC0

功能：设定 GDRAM 位址到位址计数器（AC）。

6）绘图 RAM

绘图 RAM 提供 128×8 个字节的记忆空间，在更改绘图 RAM 时，先连续写入水平与垂直的坐标值，再写入两个字节的数据到绘图 RAM，而地址计数器（AC）会自动加 1。在写入绘图 RAM 的期间，绘图显示必须关闭。整个写入绘图 RAM 的步骤如下：

（1）关闭绘图显示功能。

（2）将水平的位元组坐标（X）写入绘图 RAM 地址。

（3）将垂直的坐标（Y）写入绘图 RAM 地址。

（4）将 D15～D8 写入 RAM 中。

（5）将 D7～D0 写入 RAM 中。

（6）打开绘图显示功能，绘图显示的缓冲区对应分布请参考"显示坐标"。

5.5.2　单片机与液晶显示器的设计举例

1. 1602 LCD 显示设计

【例 5-8】　本设计硬件电路在 Proteus 仿真平台上实现，软件代码在 Keil 软件上编译通过。欲实现在 1602 LCD 的第一行显示阿拉伯数字"1314"，第二行显示英文字符串"Hello World"。1602 LCD 硬件电路图如图 5-34 所示。

1602 LCD 显示软件流程图如图 5-35 所示。

参考程序如下：

```
/************************** main.c **************************/
# include < reg51.h >
# include "lcd.h"
unsigned char code Arrg[] = {"Hello World"};
void main()
{   LcdInit();
    Show_String(0xc0,Arrg);
    Show_Dec_Number(0x83,1314);
    while(1);
```

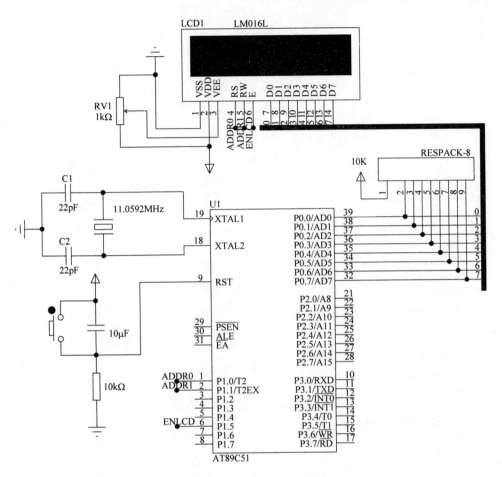

图 5-34　1602 LCD 硬件电路图

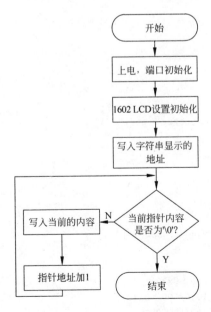

图 5-35　1602 LCD 显示软件流程图

```c
}
/ ***************************** led.c ***************************** /
# include "lcd.h"
void Delay1ms(uint c)
{   uchar a,b;
    for (; c>0; c--)
    {   for (b=199;b>0;b--)
        {   for(a=1;a>0;a--);
        }
    }
}
void WriteCom(uchar com)
{   LCD1602_E = 0;
    LCD1602_RS = 0;
    LCD1602_RW = 0;
    LCD1602_PORT = com;
    Delay1ms(1);
    LCD1602_E = 1;
    Delay1ms(5);
    LCD1602_E = 0;
}
void WriteData(uchar dat)
{   LCD1602_E = 0;
    LCD1602_RS = 1;
    LCD1602_RW = 0;
    LCD1602_PORT = dat;
    Delay1ms(1);
    LCD1602_E = 1;
    Delay1ms(5);
    LCD1602_E = 0;
}
void LcdInit()
{   WriteCom(0x38);
    WriteCom(0x0c);
    WriteCom(0x06);
    WriteCom(0x01);
}
void Show_String(uchar addr,uchar * str)
{   WriteCom(addr);
    while( * str != '\0')
    {   WriteData( * str);
        str++;
    }
}
void Show_Dec_Number(uchar addr,uint temp)
{   WriteCom(addr);
    if(temp >= 1000)
    {   WriteData(temp/1000 + 0x30);
        WriteData(temp % 1000/100 + 0x30);
        WriteData(temp % 100/10 + 0x30);
        WriteData(temp % 10 + 0x30);
```

```
    }
    else if((temp >= 100) && (temp < 1000))
    {    WriteData(temp/100 + 0x30);
         WriteData(temp % 100/10 + 0x30);
         WriteData(temp % 10 + 0x30);
    }
    else if((temp >= 10) && (temp < 100))
    {    WriteData(temp/10 + 0x30);
         WriteData(temp % 10 + 0x30);
    }
    else
    {    WriteData(temp + 0x30);
    }
}
/******************** led. h ********************/
#ifndef __LCD_H_
#define __LCD_H_
#include < reg51. h >
#ifndef uchar
#define uchar unsigned char
#endif
#ifndef uint
#define uint unsigned int
#endif
#define LCD1602_PORT P0
sbit LCD1602_E = P1 ^ 5;
sbit LCD1602_RW = P1 ^ 1;
sbit LCD1602_RS = P1 ^ 0;
void Lcd1602_Delay1ms(uint c);
void LcdWriteCom(uchar com);
void LcdWriteData(uchar dat);
void LcdInit();
void Show_String(uchar addr,uchar * str);
void Show_Dec_Number(uchar addr,uint temp);
#endif
```

本设计在主程序中定义了一个字符串数组 Arrg[]={"Hello World"},由 C 语言知识可知,字符串后面隐藏着一个转义字符'\0',因此在字符串显示函数 Show_String 中只需检测当前指针指向的内容是否为'\0',如果当前指针指向的内容是为'\0'即可停止向下显示内容。在以往的数字显示方式用户需要根据输入不同位数的数字,每一次输入不同位数的数据都要进行一次剥离。在本程序中十进制数字显示函数 Show_Dec_Number 能在显示的过程中智能地进行数据大小的判断处理,用户只需要输入数据,而无须频繁地剥离数据,大大提高了效率。由于本程序中只完成了对千位以内的数据进行数据大小的处理,有兴趣的读者可以继续完善 Show_Dec_Number 函数。最终 1602 LCD 运行时的显示效果如图 5-36 所示。

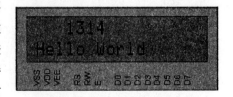

图 5-36　1602 LCD 显示效果

2. 12864 LCD 显示设计

【**例 5-9**】 本设计实现在 12864 LCD 上显示一首唐代诗人贾岛的五绝《寻隐者不遇》，共分 4 行在屏幕上显示，12864 LCD 硬件电路图如图 5-37 所示。

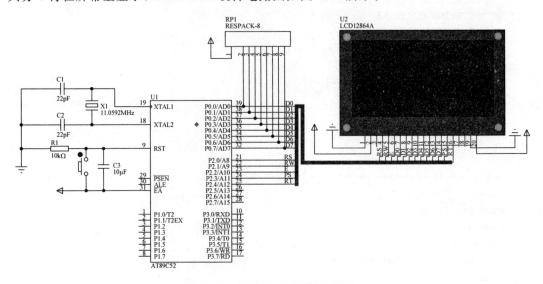

图 5-37　12864 LCD 硬件电路图

12864 LCD 显示软件流程图如图 5-38 所示。

程序代码如下：

```c
/*************************** main.c *************************** /
#include <reg52.h>
#define uint unsigned int
#define uchar unsigned char
#define Lcd_Port P0
sbit RS = P2^0;
sbit RW = P2^1;
sbit E = P2^2;
sbit RST = P2^4;
sbit PSB = P2^3;
void DelayMS(uint ValMS)
{
    uint uiVal,ujVal;
    for(uiVal = 0; uiVal < ValMS; uiVal++)
        for(ujVal = 0; ujVal < 121; ujVal++);
}
void chk_busy()
{   Lcd_Port = 0x00;
    RS = 0;
    RW = 1;
    E = 1;
    DelayMS(1);
    while(Lcd_Port & 0x80);
    E = 0;
}
```

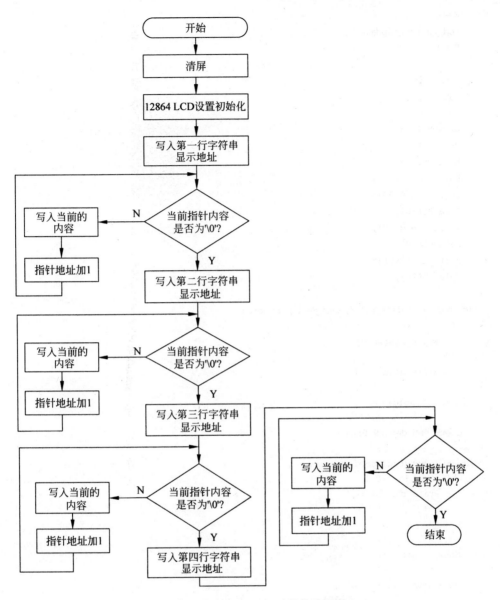

图 5-38　12864 LCD 显示软件流程图

```c
void write_com(unsigned char cmdcode)
{   chk_busy();
    RS = 0;
    RW = 0;
    E = 1;
    Lcd_Port = cmdcode;
    E = 0;
}
void write_data(unsigned char Dispdata)
{   chk_busy();
    RS = 1;
    RW = 0;
```

```c
        E = 1;
        Lcd_Port = Dispdata;
        E = 0;
}
void lcd_init()
{    PSB = 1;
     RST = 1;
     DelayMS(10);
     RST = 0;
     DelayMS(10);
     RST = 1;
     write_com(0x30);
     DelayMS(10);
     write_com(0x0C);
     DelayMS(10);
     write_com(0x01);
     DelayMS(10);
}
void check_cmd_data(bit i, unsigned char word)
{    if(i == 0)
         write_com(word);
     else
         write_data(word);
}
void lcd_clr(void)
{
     check_cmd_data(0,0x01);
}
void lcd_w_word(unsigned char * s)
{    while( * s != '\0')
     {    write_data( * s);
          s++;
     }
}
void Show_String(void)
{
     check_cmd_data(0,0x81);
     lcd_w_word ("松下问童子");
     check_cmd_data(0,0x91);
     cd_w_word ("言师采药去");
     check_cmd_data(0,0x89);
     lcd_w_word ("云深不知处");
     check_cmd_data(0,0x99);
     lcd_w_word ("只在此山中");
}
void main()
{
     lcd_init();
     lcd_clr();
     Show_String();
     while(1);
}
```

在每一次读写数据之前都要使用忙检测函数 chk_busy 检测是否处于忙状态。每个汉字共占两个字节,每行最多能显示 8 个汉字或 16 个 ASCII 字符,如果全屏显示汉字,最多能显示 4 行。Show 函数功能为显示预先定义好的字符串,由 12864 LCD 的指令码表可知 0x01 命令为清屏指令,即 lcm_clr 为清屏函数。

最终 12864 LCD 运行时的显示效果如图 5-39 所示。

图 5-39 12864 LCD 运行显示效果图

5.6 温度传感器 DS18B20

5.6.1 DS18B20 简介

美国 Dallas 半导体公司的数字化温度传感器 DS18B20 是世界上第一个支持单总线接口的温度传感器,在其内部使用了在板(on-board)专利技术。全部传感元件及转换电路集成在形如一只三极管的集成电路内。一线总线独特而且经济的特点使用户可轻松地组建传感器网络,为测量系统的构建引入了全新的概念。现在,新一代的 DS18B20 体积更小,更经济,更灵活。使设计者可以充分发挥一线总线的优点。

1. DS18B20 的主要特性

DS18B20 有以下主要特性:

(1) 适应电压范围更宽。电压范围为 3.0~5.5V,在寄生电源方式下可由数据线供电。

(2) 独特的单线接口方式。DS18B20 在与微处理器连接时仅需要一条口线即可实现微处理器与 DS18B20 的双向通信。

(3) DS18B20 支持多点组网功能。多个 DS18B20 可以并联在唯一的三线上,实现组网多点测温。

(4) DS18B20 在使用中不需要任何外围元件,全部传感元件及转换电路集成在形如一只三极管的集成电路内。

(5) 测温范围-55℃~+125℃,在-10~+85℃时精度为±0.5℃。

(6) 可编程的分辨率为 9~12 位,对应的可分辨温度分别为 0.5℃、0.25℃、0.125℃和 0.0625℃,可实现高精度测温。

(7) 在 9 位分辨率时最多在 93.75ms 内把温度转换为数字,在 12 位分辨率时最多在 750ms 内把温度值转换为数字,速度更快。

(8) 测量结果直接输出数字温度信号,以一线总线串行传送给 CPU,同时可传送 CRC 校验码,具有极强的抗干扰纠错能力。

(9) 电源极性接反(负压)时,芯片不会因发热而烧毁,但不能正常工作。

2. DS18B20 的内部结构

DS18B20 的内部结构如图 5-40 所示,主要由 4 部分组成:64 位光刻 ROM、温度传感器、非挥发的温度报警触发器(TH、TL)和配置寄存器。

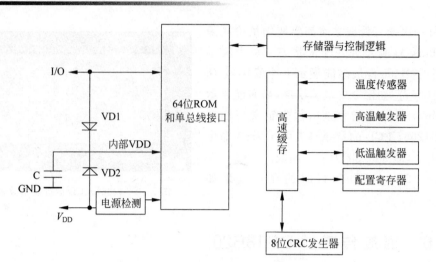

图 5-40　DS18B20 的内部结构

3. DS18B20 引脚定义

DS18B20 的封装及引脚如图 5-41 所示。

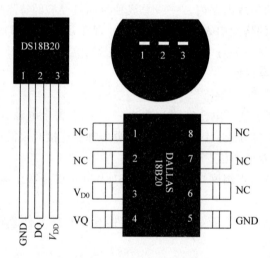

图 5-41　DS18B20 的封装及引脚

（1）DQ 为数字信号输入输出端。

（2）GND 为电源地。

（3）V_{DD} 为外接供电电源输入端（在寄生电源接线方式时接地）。

4. DS18B20 的内部存储器

DS18B20 的内部存储器结构如下：

（1）64 位 ROM，为 64 位产品序列号，由生产厂家刻制好，作为该器件的唯一地址码，可以实现一根总线上带多个 DS18B20 完成不同点的温度测量。在这 64 位中，前 8 位是产品类型标号，再 48 位是序列号，后 8 位是 CRC 校验码。

（2）9 个字节的高速缓存器，掉电后数据会丢失。

• 字节 0、字节 1 为当前测量温度的低字节和高字节。

- 字节 2 为用户高温报警值存储字节。
- 字节 3 为用户低温报警值存储字节。
- 字节 4 为配置寄存器,决定 DS18B20 的测温精度。配置寄存器各位的意义如表 5-9 所示。bit6、bit5(即 R1、R0)的 4 种组合决定了转换分辨率是 9 位、10 位、11 位、12 位,出厂时设定为 12 位分辨率。其中,R1、R0 为 00 时对应 9 位分辨率,R1、R0 为 01 时对应 10 位分辨率,R1、R0 为 10 时对应 11 位分辨率,R1、R0 为 11 时对应 12 位分辨率。

表 5-9　配置寄存器各位的意义

bit7	bit6	bit5	bit4	bit3	bit2	bit1	bit0
0	R1	R0	1	1	1	1	1

- 其他 4 个字节为保留字和 CRC 码。

5. DS18B20 测温值数据格式

DS18B20 的测温结果是以 11 位补码的形式存储于高速暂存器前两个字节中的,其测温值数据格式如表 5-10 所示。

表 5-10　DS18B20 测温值数据格式

LS Byte	bit7	bit6	bit5	bit4	bit3	bit2	bit1	bit0
	2^3	2^2	2^1	2^0	2^{-1}	2^{-2}	2^{-3}	2^{-4}
MS Byte	bit15	bit14	bit13	bit12	bit11	bit10	bit9	bit8
	S	S	S	S	S	2^6	2^5	2^4

测温值以 12 位精度为例,将对应的二进制转换为十进制数后就是实际的测量温度值。

6. DS18B20 指令集

DS18B20 的常见指令集如表 5-11 所示。

表 5-11　DS18B20 的常用指令集

指　　令		代码	功　　能
ROM 指令集	搜索 ROM	0F0H	搜索挂接在总线上的 DS18B20 的个数,识别所有 64 位 ROM 地址
	读 ROM	33H	总线上只有 1 个节点时,读取该节点的 64 位地址
	匹配 ROM	55H	该命令后跟 1 个地址,与该地址相同的节点做出响应
	跳过 ROM	0CCH	直接向 DS18B20 发出温度转换指令,只适合单节点系统
RAM 指令集	温度变换	44H	启动 DS18B20 温度转换,结果存于 RAM 中
	读暂存器	0BEH	读内部 RAM 中 9 字节的内容
	写暂存器	4EH	写入上下限温度报警和配置数据到 RAM 的 2~4 字节
	复制暂存器	48H	将 RAM 的 2~4 字节的数据复制到 EEPROM 中
	恢复 EEPROM	0B8H	将 EEPROM 的数据复制到 RAM 的 2~4 字节

5.6.2　DS18B20 温度测量程序设计举例

【例 5-10】　利用 DS18B20 实现一个简易温度测量系统。

设计思路:用 DS18B20 测量当前的温度,并将温度值显示在 1602 LCD 上,简易温度测量系统硬件电路如图 5-42 所示。

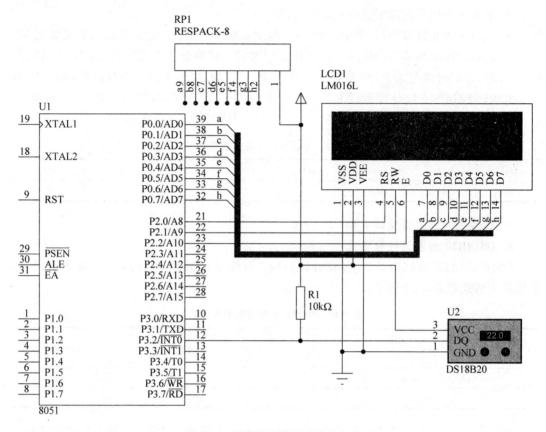

图 5-42　简易温度测量系统电路图

简易温度测量系统软件流程图如图 5-43 所示。

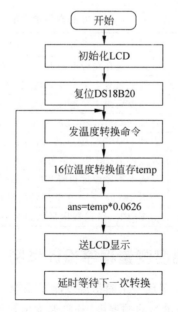

图 5-43　简易温度测量系统软件流程图

参考程序如下：

```
/* DS18B20 简易温度测量系统 C 程序,晶振:11.0592MHz */
# include < reg52.h >
# include < intrins.h >
# define nops();   {_nop_();_nop_();_nop_();_nop_();}    //定义空指令
sbit   DQ = P3^2;                                        //温度输入口
unsigned char data   temp_data[2] = {0x00,0x00};         //读出温度暂放
/*** 延时函数,大约 t*11us */
void delay(unsigned int t)
{   for(;t>0;t--);}
/*** DS18B20 复位函数 ***/
void DS18b20_reset(void)
{   bit flag = 1;
    while (flag)
    {   while (flag)
        {   DQ = 1;
            delay(1);
            DQ = 0;
            delay(50);                                   //550us
            DQ = 1;
            delay(6);                                    //66us
            flag = DQ;                                   //presence = "0 继续下一步"
        }
        delay(45);                                       //延时 500us
        flag = ~DQ;
    }
    DQ = 1;
}
/*** DS18B20 写 1 个字节函数,向 1 - WIRE 总线上写一个字节 */
void write_byte(unsigned char val)
{   unsigned char i;
    for (i = 0; i < 8; i++)
    {   DQ = 1;
        _nop_();
        DQ = 0;
        nops();                                          //4us
        DQ = val & 0x01;                                 //最低位移出
        delay(6);                                        //66us
        val >>= 1;                                       //右移一位
    }
    DQ = 1;
    delay(1);
}
/*** DS18B20 读 1 个字节函数,从 1 - WIRE 总线上读取一个字节 */
unsigned char read_byte(void)
{   unsigned char i, value = 0;
    for (i = 0; i < 8; i++)
    {   DQ = 1;
```

```
                _nop_();
                value >>= 1;
                DQ = 0;
                nops();                                    //4us
                DQ = 1;
                nops();                                    //4us
                if (DQ)
                    value| = 0x80;
                delay(6);                                  //66us
            }
        DQ = 1;
        return(value);
    }
/*** 读出温度 ***/
void read_temp(void)
{   DS18b20_reset();                                       //总线复位
    write_byte(0xCC);                                      //发 Skip ROM 命令
    write_byte(0xBE);                                      //发读命令
    temp_data[0] = read_byte();                            //温度低 8 位
    temp_data[1] = read_byte();                            //温度高 8 位
    DS18b20_reset();
    write_byte(0xCC);                                      //发 Skip ROM 命令
    write_byte(0x44);                                      //发转换命令
}
typedef unsigned char uint8;
sbit RS = P1 ^ 0;
sbit RW = P1 ^ 1;
sbit EN = P1 ^ 5;
sbit BUSY = P0 ^ 7;
unsigned char data word1[] = {"Temp:"};
unsigned char code word2[] = {"TT"};
/*** 等待繁忙标志 ***/
void wait(void)
{   P0 = 0xFF;
    do
    {   RS = 0;
        RW = 1;
        EN = 0;
        EN = 1;
    }while (BUSY == 1);
    EN = 0;
}
/*** 写数据 ***/
void w_dat(uint8 dat)
{   wait();
    EN = 0;
    P0 = dat;
    RS = 1;
```

```
    RW = 0;
    EN = 1;
    EN = 0;
}
/*** 写命令 ***/
void w_cmd(uint8 cmd)
{   wait();
    EN = 0;
    P0 = cmd;
    RS = 0;
    RW = 0;
    EN = 1;
    EN = 0;
}
/*** 发送字符串到 LCD ***/
void w_string(uint8 addr_start, uint8 * p)
{   w_cmd(addr_start);
    while ( * p != '\0')
    {   w_dat( * p++);
    }
}
/*** 初始化 1602 LCD ***/
void Init_LCD1602(void)
{   w_cmd(0x38);                    //16×2 显示,5×7 点阵,8 位数据接口
    w_cmd(0x0C);                    //显示器开,光标开,光标允许闪烁
    w_cmd(0x06);                    //文字不动,光标自动右移
    w_cmd(0x01);
    w_cmd(0x0f);                    //清屏
}
main()
{   unsigned int temp, i;
    unsigned char ans;
    Init_LCD1602();                //初始化液晶
    w_string(0x80,word1);
    w_string(0xC0,word2);
    w_cmd(0xc0);
    DS18b20_reset();               //开机先转换一次
    write_byte(0xCC);              //Skip ROM
    write_byte(0x44);              //发转换命令
    for(i = 0; i < 35000; i++);    //等待温度转换完成
    while(1)
    {   read_temp();               //读出 DS18B20 温度数据,并启动下一次转换
        temp = temp_data[1];
        temp <<= 8;
        temp |= temp_data[0];
        //temp >>= 4;
        //ans = (unsigned char)temp;
        ans = temp * 0.0625;
```

```
            w_cmd(0x85);
            w_dat(ans/100 + 0x30);
            w_dat(ans/10 % 10 + 0x30);
            w_dat(ans % 10 + 0x30);
            for(i = 0; i < 35000; i++);          //等待温度转换完成
        }
    }
```

5.7 温湿度传感器 DHT11

5.7.1 DHT11 简介

数字温湿度传感器 DHT11 是一款含有已校准数字信号输出的温湿度复合传感器。它应用专用的数字模块采集技术和温湿度传感技术,确保产品具有极高的可靠性与卓越的长期稳定性。该传感器包括一个电阻式感湿元件和一个 NTC 测温元件,单总线串行接口,使系统集成变得简易快捷。它具有超小的体积和极低的功耗,信号传输距离可达 20m 以上,是各类应用甚至最为苛刻的应用场合的最佳选择。

1. DHT11 性能

DHT11 性能如表 5-12 所示。

表 5-12　DHT11 性能

参　　数		条　　件	最小值	典型值	最大值	单位
湿度	分辨率		1	1	1	%RH
				8		b
	重复性			±1		%RH
	精度	25℃		±4		%RH
		0~50℃			±5	%RH
	互换性	可完全互换				
	量程范围	0℃	30		90	%RH
		25℃	20		90	%RH
		50℃	20		80	%RH
	响应时间	1/e(63%)25℃,1m/s 空气	6	10	15	s
	迟滞			±1		%RH
	长期稳定性	典型值		±1		%RH/yr
温度	分辨率		1	1	1	℃
			8	8	8	b
	重复性			±1		℃
	精度		±1		±2	℃
	量程范围		0		50	℃
	响应时间	1/e(63%)	6		30	s

2. DHT11 分辨率

DHT11 分辨率分别为 8b(温度)、8b(湿度)。

3. DHT11 引脚

DHT11 引脚如表 5-13 所示。

表 5-13 DHT11 引脚

引脚编号	引脚名称	引脚说明
1	V_{DD}	供电 3～5.5V DC
2	DATA	串行数据，单总线
3	NC	空脚，请悬空
4	GND	接地，电源负极

4. DHT11 串行通信

单片机与 DHT11 之间的通信和同步，采用单总线数据格式，一次通信时间 4ms 左右，数据分小数部分和整数部分。一次完整的数据公八个传输为 40b，高位先出。数据格式如下：

湿度整数数据 湿度小数数据 温度整数数据 温度小数数据 校验和

例如，某次从 DHT11 读出的 5B 数据如下：

byte4	byte3	byte2	byte1	byte0
00011001	00000000	00010100	00000000	00101101

由以上数据就可得到湿度和温度的值，计算方法如下：

湿度 = byte4.byte3 = 25.0%RH

温度 = byte2.byte1 = 20.0℃

校验和 = byte4 + byte3 + byte2 + byte1 = 45 = byte5

数据传送正确时校验和数据等于 byte4～byte1 之和的末 8 位。

通过分析 DHT11 的通信过程（图 5-44）可知，DHT11 作为被动的从机需要单片机主机发来的触发信号，然后 DHT11 发送相应信号，并且送出数据。其详细步骤如下：

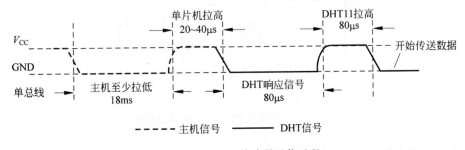

图 5-44 DHT11 传感器通信过程

（1）单片机拉低总线，最低维持 18ms，然后把总线拉高 20～40ms，完成触发信号发送，总线被上拉电阻拉高进入空闲状态。

（2）DHT11 拉低总线 80μs，单片机检测被拉低的总线；接着 DHT11 拉高总线 80μs，单片机检测被拉高的总线。如果以上的信号都检测正常，则单片机等待数据到来。

（3）单片机接收来自 DHT11 的 5B 数据，对接收的数据进行校验。注意：当最后一位数据传送完毕后，DHT11 拉低总线 50μs，随后总线由上拉电阻拉高进入空闲状态。

　　与单片机等其他数字器件表示0和1的方式有所不同,DHT11传感器发送每一位数据都以50μs低电平时隙开始,之后高电平的长短决定了数据位是0还是1。数字0的信号表示法如图5-45所示,数字1的信号表示法如图5-46所示。

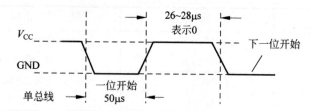

图 5-45　数字 0 的信号表示方法

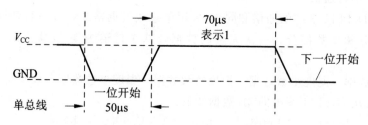

图 5-46　数字 1 的信号表示方法

5.7.2　DHT11室内温湿度测量程序设计举例

【例5-11】　利用DHT11测量室内的温湿度,将测量结果显示在1602 LCD上并把结果通过串口发送给上位机。单片机与DHT11传感器通过单总线的方式通信,单片机的通信口需要接一个合适的上拉电路,连接线长度短于20m时用5kΩ上拉电阻,大于20m时根据实际情况使用合适的上拉电阻。单片机与DHT11的硬件连接图如图5-47所示。

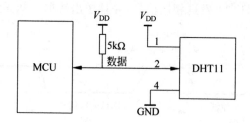

图 5-47　单片机与DHT11的硬件连接图

参考程序如下:

```
/ ******************************* main. c ******************************* /
# include< reg51. h>
# include "lcd. h"
# include< stdio. h>
# define uchar unsigned char
# define uint  unsigned int
sbit DHT11_Pin = P1 ^ 0;
uchar Out_Value[10];
```

```c
uchar Count;
void delay_10us(void);
void delay_10ms(uchar t);
uchar Read_Byte(void);
void Get_Value(void);
void DHT11_Init(void);
void Serial_Config(void);
void main(void)
{
    LcdInit();
    Serial_Config();
    DHT11_Init();
    Show_String(0x80,"Humility:");
    Show_String(0xc0,"Temp:");
    while(1)
    {
        Get_Value();
        TI = 1;
        printf("Humidity: % d\nTemp: % d\n",Out_Value[0],Out_Value[2]);
        while(!TI);
        TI = 0;
        Show_Dec_Number(0x89,Out_Value[0]);
        Show_Dec_Number(0xc5,Out_Value[2]);
    }
}
void delay_10us(void)
{   uchar i = 0;
    for(i = 0;i < 10;i++);
}
void delay_10ms(uchar t)
{   uchar i = 0,j = 0,k = 0;
    for(i = 0;i < t;i++)
    {   for(j = 0;j < 40;j++)
        for(k = 0;k < 75;k++);
    }
}
uchar Read_Byte(void)
{   uchar i = 0,dat = 0;
    for(i = 0;i < 8;i++)
    {   Count = 2;
        while((DHT11_Pin == 0)&&(Count++));
        delay_10us();
        delay_10us();
        delay_10us();
        delay_10us();
        dat = dat << 1;
        if(DHT11_Pin == 1)
```

```
            {   Count = 2;
                dat = dat|0x01;
                while((DHT11_Pin == 1)&&(Count++));
            }
        }
        return dat;
    }
void Get_Value(void)
{   uchar i = 0;
    DHT11_Pin = 0;
    delay_10ms(4);
    DHT11_Pin = 1;
    delay_10us();
    delay_10us();
    delay_10us();
    delay_10us();
    DHT11_Pin = 1;
    if(DHT11_Pin == 0)
    {   Count = 2;
        while((DHT11_Pin == 0)&&(Count++));
        Count = 2;
        while((DHT11_Pin == 1)&&(Count++));
        Out_Value[5] = Read_Byte();
        Out_Value[6] = Read_Byte();
        Out_Value[7] = Read_Byte();
        Out_Value[8] = Read_Byte();
        Out_Value[9] = Read_Byte();
    }
    if(Out_Value[9] == Out_Value[5] + Out_Value[6] + Out_Value[7] + Out_Value[8])
    for(i = 0;i < 4;i++)
    Out_Value[i]  =  Out_Value[5 + i];
    DHT11_Pin = 1;
    delay_10ms(10);
}
void DHT11_Init(void)
{   delay_10ms(100);
    DHT11_Pin = 1;
}
void Serial_Config(void)
{   TMOD &= 0X0F;
    TMOD |= 0X20;
    PCON = 0X00;
    SCON = 0X50;
    TH1 = TH0 = 0XFD;
    TR1 = 1;
}
```

本实验用到的 1602 LCD 头文件请参考前面讲解的 1602 LCD 程序,与上位机通信的波特率为 9600b/s。Read_Byte 为读取单个字节函数,它通过连续读 8 位组成一个有效的字节,Get_Value 函数实现了由单片机发送触发信号,然后检测 DHT11 的响应状态,进而判断相应的信号并读取数据。DHT11 软件流程图如图 5-48 所示。

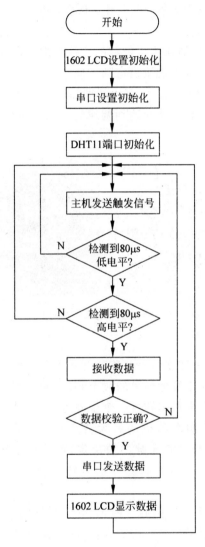

图 5-48 DHT11 软件流程图

5.8 步进电机的控制

步进电机广泛应用于工业生产、汽车电子、精密仪器和数字设备等领域,例如在工业控制的切割机、汽车电子的数字仪表、医疗设备中的核磁共振机、计算机硬盘的定位部分等设备中都可以看到各种类型和功率的步进电机。利用步进电机收到一个脉冲就旋转一个固定角度的特点可以非常方便地实现精确的位置控制,同时也可以实现准确的转速控制。由此可见,步进电机在很多领域有着重要的作用。

5.8.1 步进电机的基本概念及工作原理

1. 什么是步进电机

步进电机是一种感应电机,它的工作原理是利用电子电路将直流电变成分时供电的多相时序控制电流,用这种电流为步进电机供电,步进电机才能正常工作,驱动器就是为步进电机分时供电的多相时序控制器。

步进电机是一种将电脉冲转化为角位移的执行机构。具体地讲:当步进驱动器接收到一个脉冲信号时,它就驱动步进电机按设定的方向转动一个固定的角度(即步进角)。可以通过控制脉冲个数来控制角位移量,从而达到准确定位的目的;还可以通过控制脉冲频率来控制电机转动的速度和加速度,从而达到调速的目的。四相步进电机的结构及实物图如图 5-49 所示。

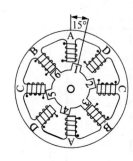

图 5-49 四相步进电机的结构及实物图

2. 步进电机的基本概念

步进电机是将电脉冲信号转变为角位移的开环控制元件。在非超载的情况下,步进电机的转速、停止的位置只取决于脉冲信号的频率和脉冲数,而不受负载变化的影响,即给步进电机加一个脉冲信号,步进电机则转过一个步进角。

步进电机区别于其他控制电动机的最大特点是:它是通过输入脉冲信号来进行控制,即步进电机的总转动角度由输入脉冲数决定,而步进电机的转速由脉冲信号的频率决定。步进电机是一种将一定功率的脉冲信号转变为角位移的执行机构,它具有以下特点:

(1)步进电机接收到一定顺序的脉冲时,它就会根据脉冲的控制时序进行顺时针和逆时针的转动,脉冲的顺序决定了步进电机的旋转方向,脉冲的个数决定了步进电机转动的角度,脉冲的频率决定了步进电机的转速。

(2)有脉冲时步进电机就会转动一定角度,没有脉冲时它就会保持当前的位置。

(3)步进电机的转动方向可以很容易地通过输入反方向的脉冲时序来改变。

3. 步进电机的工作方式

步进电机的控制方法有 3 种,即单相控制、双相控制和单双相混合控制,只要对步进电机的各项绕组按合适的时序通电,就能使步进电机步进转动。下面简单介绍这 3 种控制方法对应的步进电机的工作方式,包括三相单三拍、三相单双六拍和三相双三拍等。

1)三相单三拍

三相绕组连接方式为 Y 型。

三相绕组中的通电顺序为 A 相→B 相→C 相。通电顺序也可以为 A 相→B 相→C 相。每通入一个电脉冲,转子转 30°。

2) 三相单双六拍

三相单双六拍的三相绕组的通电顺序为 A 相→AB 相→B 相→BC 相→C 相→CA 相→A 相,共 6 拍。每个循环周期都有 6 种通电状态,所以称为三相六拍,其步进角为 15°。

3) 三相双三拍

三相双三拍的三相绕组的通电顺序为 AB 相→BC 相→CA 相→AB 相,共 3 拍。每通入一个电脉冲,转子转 30°。

以上 3 种工作方式中,三相单双六拍和三相双三拍较三相单三拍稳定,因此较常采用。

5.8.2　用单片机实现四相步进电机的控制程序设计举例

【例 5-12】　用单片机控制四相步进电机的加速和转向。

编程设计:本程序代码主要包括两部分,即主程序和定时器中断服务程序。主程序主要完成中断和定时器的初始化工作,检测转向和加速功能键。先由改变电动机转向和加速的子程序改变某个标志变量,而真正实现改变转向和加速则是在定时器中断服务程序中。用单片机控制四相步进电机的电路图如图 5-50 所示,其软件流程图如图 5-51 所示。

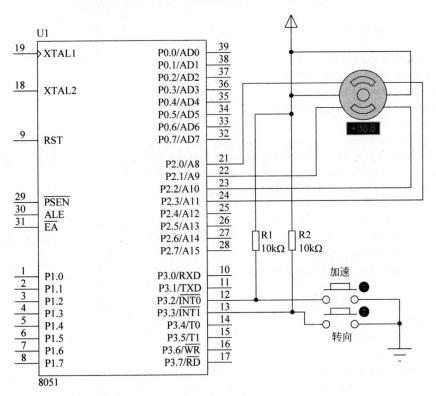

图 5-50　单片机控制四相步进电机电路图

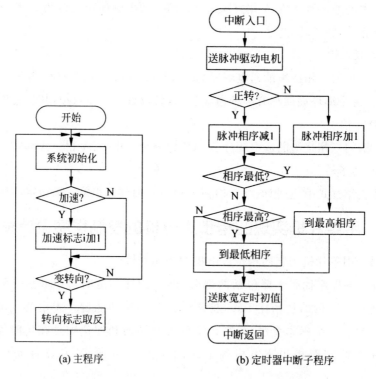

图 5-51 单片机控制四相步进电机软件流程图

参考程序如下：

```
# include < reg52. h>
# define uchar unsigned  char
# define uint  unsigned  int
# define ulong  unsigned  long
# define   zxzd 0
bit zhx = zxzd;
uchar step[8] = {0x01,0x09,0x08,0x0c,0x04,0x06,0x02,0x03};
uchar  th0[8] = {0x5d,0x85,0x9e,0xae,0xbe,0xc2,0xc9,0xcf};
uchar  tl0[8] = {0x3d,0xee,0x58,0x9e,0x3e,0xf7,0xbe,0x2c};
uchar i = 0;
uchar keyvalue;
uchar speedcounter = 0;
/ * 定时器 T0 中断程序 * /
void time0(void)  interrupt 1 using 1
{   P2 = step[i];
    if(zhx == zxzd){i++;}
    else {i-- ;}
    if(i == 8){i = 0;}
    if(i < 0){i = 7;}
    TH0 = th0[speedcounter];
    TL0 = tl0[speedcounter];
}
void  delay(uchar x)
```

```
{   uchar j;
    while((x--)!= 0)
    {   for(j = 0;j < 125;j++){;}   }
}
void main()
{   EA = 0;
    TMOD = 0x01;ET0 = 1;TR0 = 1;
    EX0 = 1;IT0 = 1;
    EX1 = 1;IT1 = 1;
    TH0 = th0[0];TL0 = tl0[0];
    while(1)
    {   keyvalue = P3&0x04;
        if(keyvalue = 0){speedcounter = speedcounter + 1;}
        if(speedcounter == 8){speedcounter = 0;}
        keyvalue = P3&0x08;
        if(keyvalue = 0){zhx = !zxzd;}
    }
}
```

本章小结

本章紧密融合实验教学和单片机课程设计,内容涉及 LED 数码管、独立键盘和矩阵键盘、A/D 和 D/A 转换器、LCD、温度传感器 DS18B20、温湿度传感器 DHT11、步进电机等典型的单片机外设,旨在激发学生的学习兴趣,帮助学生进一步提高单片机应用设计的能力。

思考题

5-1　为什么要消除按键的抖动?

5-2　数码管静态显示与动态显示的区别是什么? 各有什么优缺点?

5-3　独立键盘和矩阵键盘有什么区别? 分别适用于何种场合?

5-4　为什么要进行 A/D 和 D/A 转换?

5-5　A/D 转换器分为哪几种类型?

5-6　D/A 转换器的主要性能指标有哪些?

5-7　理解并掌握 1602 LCD 和 12864 LCD 的指令码使用。

5-8　查询 1602 LCD 的相关指令码,实现 1602 整屏显示的移动。

5-9　使用 12864 LCD 的绘图功能,在屏幕上显示一张你喜欢的图片。

5-10　用 DS18B20 设计一个简易的温度测量系统。

5-11　理解并掌握 DHT11 传感器与单片机的通信方式。

5-12　使用 12864 LCD 在屏幕上显示 DHT11 输出的温度和湿度波形曲线。

5-13　设计一个正反转可控的步进电机控制系统。

## 第6章

MODBUS 协议与应用

6.1　MODBUS 协议简介

6.1.1　MODBUS OSI 网络体系结构

MODBUS 是 OSI 模型第 7 层上的应用层报文传输协议,它在连接至不同类型总线或网络的设备之间提供客户/服务器通信。MODBUS OSI 模型如图 6-1 所示。

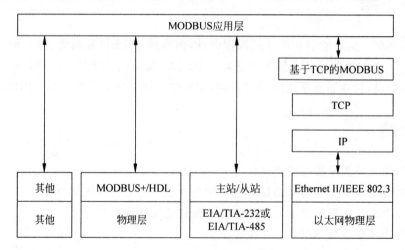

图 6-1　MODBUS OSI 模型

目前,在下列情况下可以实现 MODBUS 协议:

- 以太网上的 TCP/IP。
- 各种媒体(EIA/TIA-232-E、EIA-422、EIA/TIA-485-A、光纤、无线等)上的异步串行传输。
- MODBUS Plus,一种高速令牌传递网络。

MODBUS 协议允许在各种网络体系结构内进行通信,是应用于电子控制器上的一种通用语言。通过此协议,控制器相互之间、控制器经由网络(例如以太网)和其他设备之间可以通信。此协议定义了一个控制器能认识和使用的消息结构,而不管它们是经过何种网络进行通信的。

MODBUS 网络体系结构如图 6-2 所示。

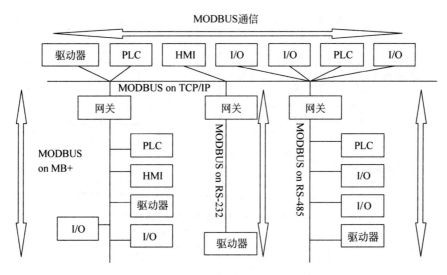

图 6-2　MODBUS 网络体系结构

6.1.2　MODBUS 协议描述

MODBUS 协议定义了一个与基础通信层无关的简单协议数据单元(PDU)。特定总线或网络上的 MODBUS 协议映射能够在应用数据单元(ADU)上引入一些附加域。通用 MODBUS 帧如图 6-3 所示。

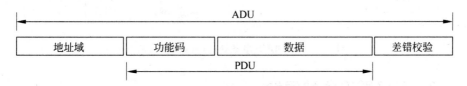

图 6-3　通用 MODBUS 帧

启动 MODBUS 事务处理的客户机(主站)创建 MODBUS 应用数据单元。功能码向服务器(从站)指示将执行哪种操作。用一个字节编码 MODBUS 数据单元的功能码域。有效的码字范围是十进制 1~255(128~255 为异常响应保留)。

当从客户机向服务器设备发送报文时,功能码域通知服务器执行哪种操作。向一些功能码加入子功能码来定义多项操作。客户机向服务器设备发送的报文数据域包括附加信息,服务器使用这个信息执行功能码定义的操作。

如果在一个正确接收的 MODBUS PDU 中不出现与请求 MODBUS 功能有关的差错,那么服务器至客户机的响应数据域包括请求数据。

当服务器对客户机响应时,它使用功能码域来指示正常(无差错)响应或者出现某种差错(称为异常响应)。对于一个正常响应来说,服务器仅对原始功能码产生响应。MODBUS 事务处理(无差错)流程如图 6-4 所示。

对于异常响应,服务器返回一个与原始功能码等同的码,设置该原始功能码的最高有效位为逻辑 1。MODBUS 事务处理(异常响应)的流程如图 6-5 所示。

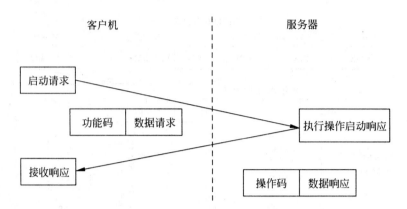

图 6-4　MODBUS 事务处理(无差错)流程

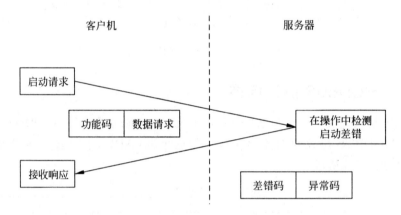

图 6-5　MODBUS 事务处理(异常响应)流程

6.1.3　服务器设备数据块

在一个服务器设备中通常有 4 个独立的数据块或其中的 1～3 种数据块。

图 6-6 为 MODBUS 服务器设备中的数据块结构,这个设备含有数字量和模拟量、输入量和输出量。由于不同块中的数据不相关,每个块是相互独立。按不同 MODBUS 功能码可访问每个不同的数据块。

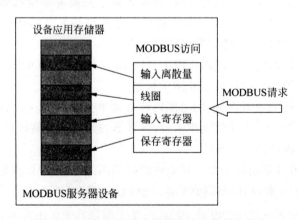

图 6-6　MODBUS 服务器设备中的数据块结构

当服务器接收到客户机发来的命令后,在服务器端MODBUS事务处理的状态图如图6-7所示。

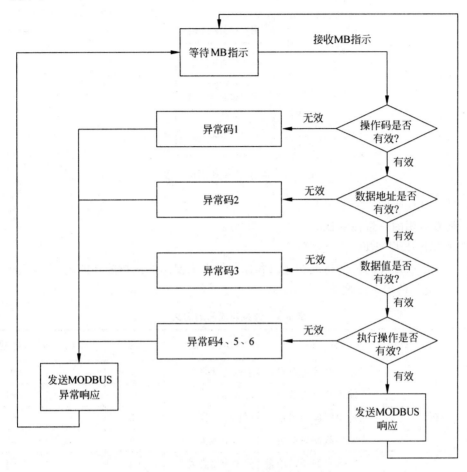

图 6-7 MODBUS 事务处理的状态图

一旦服务器处理请求,使用合适的 MODBUS 服务器事务建立 MODBUS 响应。根据处理结果,可以建立两种类型的响应:

(1) 一个 MODBUS 正常响应,响应功能码＝请求功能码。

(2) 一个 MODBUS 异常响应,响应功能码＝请求功能码＋0x80。

6.1.4 功能码分类

MODBUS 功能码有 3 类,如图 6-8 所示,它们分别是公共功能码、用户定义功能码及保留功能码。

1. 公共功能码

公共功能码有以下特性:

* 是较好地被定义的功能码。
* 保证是唯一的。
* 是 MODBUS 组织可改变的。

图 6-8　MODBUS 功能码分类

- 是公开证明的。
- 具有可用的一致性测试。
- 是 MB IETF RFC 中证明的。
- 包含已被定义的公共指配功能码和保留供未来使用的未指配功能码。

公共功能码的定义如表 6-1 所示。

表 6-1　公共功能码的定义

访问数据位		数据块	功　能	码	子码	十六进制表示
数据访问	比特访问	输入开关离散量	读输入离散量	02		02
		输入线圈离散量	读线圈	01		01
		输出线圈离散量	写单个线圈	05		05
		输出线圈离散量	写多个线圈	15		0F
	16 比特访问	输入存储器模拟量	读单个寄存器	04		04
		输入存储器模拟量	读多个寄存器	03		03
		输出存储器模拟量	写单个寄存器	06		06
		输出存储器模拟量	写多个寄存器	16		10
		输入输出存储器	读/写多个寄存器	23		17
			屏蔽写寄存器	22		16
	文件记录访问		读文件记录	20	6	14
			写文件记录	21	6	15
封装接口			读设备识别码	43	14	2B

2. 用户定义功能码

用户定义功能码有以下特性：

- 有两个用户定义功能码的定义范围，即十进制 65～72 和 100～110。
- 用户不经 MODBUS 组织批准就可以选择和实现一个功能码。
- 不能保证被选功能码的使用是唯一的。

- 如果用户要将一个功能设置为一个公共功能,那么必须将改变后的功能引入公共分类中,并且指配一个新的公共功能码。

3. 保留功能码

保留功能码是一些公司对传统产品通常使用的功能码,这些功能码对公共使用是无效的。

6.2 MODBUS RTU/ASCII 协议

MODBUS 串行链路协议是一个主/从协议,在标准 MODBUS 设备上通信,应为每台设备选择相同的通信模式以及串行口的通信参数,才能完成正确的数据传输。由 6.1 节内容可知,MODBUS 有多种不同类型的网络,分别有以太网上的 TCP/IP、各种媒体(EIA/TIA-232-E、EIA-422、EIA/TIA-485-A、光纤、无线等)上的异步串行传输以及 MODBUS Plus(一种高速令牌传递网络)等。实现的协议有 MODBUS TCP 协议、MODBUS RTU 协议、MODBUS ASCII 协议。本节主要介绍 MODBUS RTU 协议、MODBUS ASCII 协议。

6.2.1 主站节点状态图

图 6-9 为主站节点状态图,描述了主站节点的状态特征。

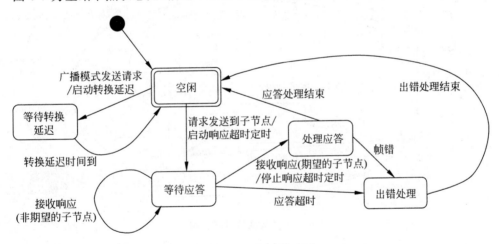

图 6-9 主站节点状态图

(1)状态"空闲"表示没有等待的请求。这是电源上电后的初始状态。只有在"空闲"状态请求才能被发送。发送一个请求后,主节点离开"空闲"状态,而且不能同时发送第二个请求。

(2)当单播请求发送到一个子节点时,主节点将进入"等待应答"状态,同时一个临界超时定时启动。这个超时称为"响应超时"。它避免主节点永远处于"等待应答"状态。响应超时的时间依赖于具体应用。

(3)当收到一个应答时,主节点在处理数据之前检验应答。在某些情况下,检验的结果可能为错误,例如收到来自非期望的子节点的应答或接收的帧错误。在收到来自非期望子节点的应答时,响应超时继续计时;当检测到帧错时,可以执行一个重试。

（4）响应超时但没有收到应答时，则产生一个错误。此时主节点进入"空闲"状态，并发出一个重试请求。重试的最大次数取决于主节点的设置。

（5）当广播请求发送到串行总线上时，没有响应从子节点返回。然而主节点需要进行延迟以便使子节点在发送新的请求之前处理完当前请求，该延迟被称作"转换延迟"。因此，主节点会在返回能够发送另一个请求的"空闲"状态之前转到"等待转换延迟"状态。

（6）在单播方式下，响应超时必须设置到足够的长度以使任何子节点都能处理完请求并返回响应。而广播转换延迟必须有足够的长度以使任何子节点都能只处理完请求而可以接收新的请求。因此，转换延迟应该比响应超时要短。典型的响应超时在 9600b/s 时为1 秒到几秒，而转换延迟为 100～200ms。

（7）帧错误包括对每个字符的奇偶校验错误和对整个帧的冗余校验错误。

6.2.2 从站节点状态图

图 6-10 为从站节点状态图，描述了从站节点的状态特征。

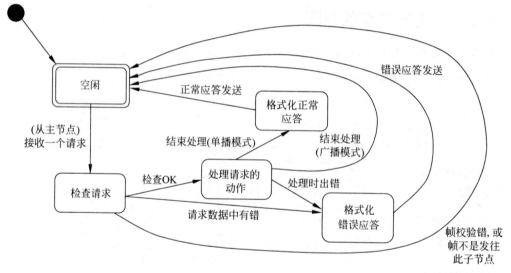

图 6-10 从站节点状态图

（1）状态"空闲"表示没有等待的请求。这是电源上电后的初始状态。

（2）当收到一个请求时，子节点在处理请求中要求的动作前检验报文包。错误可能是请求的格式错、非法动作等。当检测到错误时，必须向主节点发送应答。

（3）当要求的动作完成后，单播报文要求格式化一个应答并发往主节点。

（4）如果子节点在接收到的帧中检测到错误，则没有响应返回到主节点。

（5）任何子节点均应该定义并管理 MODBUS 诊断计数器以提供诊断信息。通过使用MODBUS 诊断功能码，可以得到这些计数值。

6.2.3 主站/从站通信时序图

图 6-11 显示了主站/从站通信时序的 3 种典型情况。

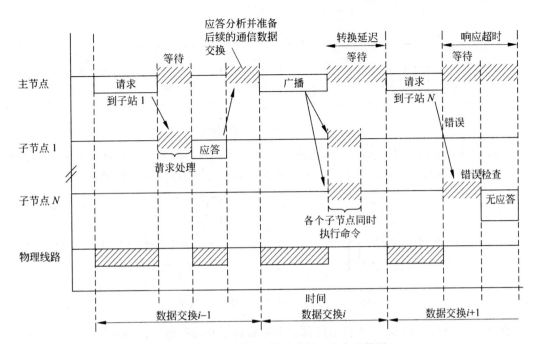

图 6-11　主站/从站通信时序的 3 种典型情况

6.2.4　MODBUS RTU 协议

1. MODBUS RTU 报文帧结构

当设备使用 RTU（Remote Terminal Unit）模式在 MODBUS 串行链路通信时，报文中每个 8 位的字节含有两个 4 位十六进制字符。这种模式的主要优点是有较高的数据密度，在相同的波特率下比 ASCII 模式有更高的吞吐率。每个报文必须以连续的字符流传送。RTU 报文帧结构如图 6-12 所示，MODBUS RTU 报文帧最大为 256B。

子节点 地址	功能 代码	数据	CRC	
1B	1B	0~252B	2B	
			CRC低	CRC高

图 6-12　RTU 报文帧结构

由发送设备将 MODBUS 报文构造为带有已知起始和结束标记的帧。这使设备可以在报文的开始接收新帧，并且知道何时报文结束。不完整的报文必须能够被检测到，而错误标志必须作为结果被设置。在 RTU 模式，报文帧由时长至少为 3.5 个字符时间的空闲间隔区分。在后续的部分，这个时间区间记作 $t_{3.5}$。RTU 报文帧如图 6-13 和图 6-14 所示。

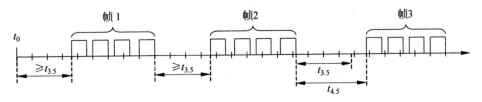

图 6-13　RTU 报文帧

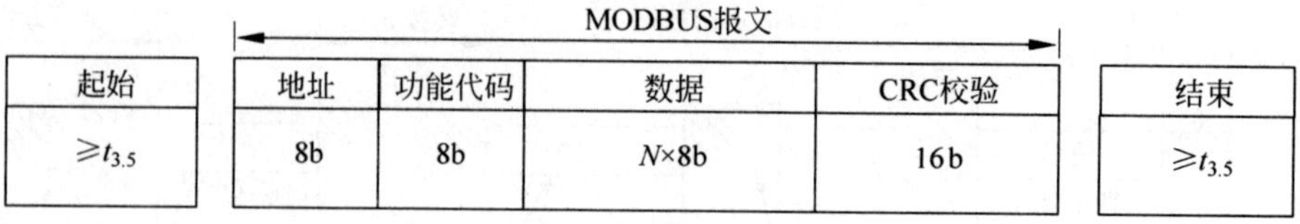

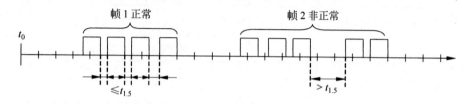

图 6-14　RTU 报文帧

　　整个报文帧必须以连续的字符流发送。如果两个字符之间的空闲间隔大于 1.5 个字符时间(记作 $t_{1.5}$),则报文帧被认为不完整,应该被接收节点丢弃,如图 6-15 所示。

图 6-15　正常和非正常的 RTU 报文帧

　　由于有 $t_{1.5}$ 和 $t_{3.5}$ 的定时,传输中隐含着大量的对中断的管理。在高通信速率下,这导致 CPU 负担加重。因此,在通信速率等于或低于 19 200b/s 时,这两个定时必须严格遵守;对于波特率大于 19 200b/s 的情形,应该使用两个定时的固定值:建议的字符间超时时间 $(t_{1.5})$ 为 750μs,帧间的超时时间 $(t_{1.5})$ 为 1.750ms。

2. RTU 传输模式状态图

　　图 6-16 是 RTU 传输模式状态图。主节点和子节点的状态合并在同一个图中。

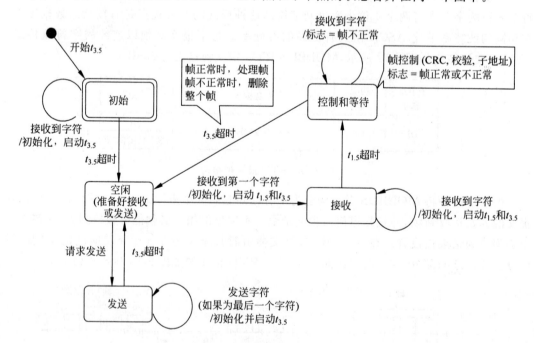

图 6-16　RTU 传输模式状态图

（1）从"初始"态到"空闲"态转换需要 $t_{3.5}$ 定时超时，这保证了帧间延迟。

（2）"空闲"态是没有发送和接收报文要处理的正常状态。

（3）在 RTU 模式下，当没有活动的传输的时间间隔达 $t_{3.5}$ 时，通信链路被认为处在"空闲"态。

（4）当链路空闲时，在链路上检测到的任何传输的字符均被识别为帧起始。链路变为"活动"状态。然后，当链路上没有字符传输的时间间隔达到 $t_{3.5}$ 后，被识别为帧结束。

（5）检测到帧结束后，完成 CRC 计算和校验。然后，分析地址域以确定帧是否发往此设备，如果不是，则丢弃此帧。为了减少接收处理时间，可以一接到地址域就分析，而不需要等到整个帧结束。这样，CRC 计算只需要在帧寻址到该节点（包括广播帧）时进行。

3. CRC 校验

在 RTU 模式中包含一个对全部报文内容执行的基于 CRC 算法的错误校验域。CRC 域校验整个报文的内容。不管报文有无奇偶校验，均执行此校验。

CRC 包含由两个 8 位的字节组成的一个 16 位值。CRC 域作为报文的最后一个域附加在报文之后。计算后，首先附加低字节，然后是高字节。CRC 高字节为报文的最后一个字节。附加在报文后面的 CRC 域的值由发送设备计算。接收设备在接收报文时重新计算 CRC 域的值，并将计算结果于实际接收到的 CRC 域值相比较。如果两个值不相等，则为错误。

CRC 的计算过程如下。首先对一个 16 位寄存器预装全 1。然后用报文中的连续 8 位的字节对其进行后续的计算。只有字符中的 8 个数据位参与生成 CRC 的运算，起始位、停止位和校验位不参与 CRC 计算。

CRC 的生成过程中，每个 8 位的字符与寄存器中的值异或。然后结果向最低有效位（LSB）方向移动（Shift）1 位，而最高有效位（MSB）填充 0。然后提取并检查 LSB。如果 LSB 为 1，则寄存器中的值与一个固定的预置值异或；如果 LSB 为 0，则不进行异或操作。

这个过程将重复到执行完 8 次移位为止。完成最后一次（第 8 次）移位及相关操作后，下一个 8 位的字节与寄存器的当前值异或，然后又像上面描述过的一样重复 8 次。当所有报文中字节都参与运算之后得到的寄存器中的最终值就是 CRC。

生成 CRC 的过程如下：

（1）将一个 16 位寄存器装入十六进制 FFFF（全 1），将之称作 CRC 寄存器。

（2）将报文的第一个 8 位的字节与 16 位 CRC 寄存器的低字节异或，结果置于 CRC 寄存器中。

（3）将 CRC 寄存器右移 1 位（向 LSB 方向），MSB 填充零。提取并检测 LSB。

（4）如果 LSB 为 0，重复步骤（3）（另一次移位）；如果 LSB 为 1，对 CRC 寄存器异或多项式值 0xA001（1010 0000 0000 0001）。

（5）重复步骤（3）和（4），直到完成 8 次移位。当作完此操作后，将完成对 8 位的字节的完整操作。

（6）对报文中的下一个字节重复步骤（2）到（5），继续此操作直至所有报文被处理完毕。

（7）CRC 寄存器中的最终内容为 CRC 值。

（8）当附加 CRC 值于报文最后时，如下面描述的那样，高低字节必须交换。

将 CRC 附加于报文最后，当 16 位 CRC（2 个 8 位的字节）在报文中传送时，低位字节首先传送，然后是高位字节。

生成 CRC 的 C 语言函数在下面给出。所有可能的 CRC 值都被预装在两个数组中，当计算报文内容时可以简单地搜索即可。一个数组含有 16 位 CRC 域的所有 256 个可能的高位字节，另一个数组含有低位字节的值。这种通过搜索确定 CRC 值的方式比对报文缓冲区的每个新字符都计算新的 CRC 值更快。

注意：该函数内部执行高、低 CRC 字节的交换。此函数返回的是已经经过交换的 CRC 值。也就是说，从该函数返回的 CRC 值可以直接附加于报文最后用于发送。

函数使用了两个参数：

```
unsigned char * puchMsg;              //指向含有用于生成 CRC 的二进制数据报文缓冲区的指针
unsigned short usDataLen;             //报文缓冲区的字节数
```

CRC 值生成函数如下：

```
/* 函数以 unsigned short 类型返回 CRC 值 */
unsigned short CRC16(puchMsg, usDataLen)
unsigned char * puchMsg;                    /* 用于计算 CRC 的报文 */
unsigned short usDataLen;                   /* 报文中的字节数 */
{
    unsigned char uchCRCHi = 0xFF;          /* CRC 的高字节初始化 */
    unsigned char uchCRCLo = 0xFF;          /* CRC 的低字节初始化 */
    unsigned Index;                         /* CRC 查询表索引 */
    while(usDataLen -- )                     /* 完成整个报文缓冲区 */
    {   uIndex = uchCRCLo ^ * puchMsgg++;    /* 计算 CRC */
        uchCRCLo = uchCRCHi ^ auchCRCHi[uIndex];
        uchCRCHi = auchCRCLo[uIndex];
    }
    return (uchCRCHi << 8 | uchCRCLo);
}
```

高位字节表如下：

```
/* 高位字节的 CRC 值 */
static unsigned char auchCRCHi[] = {
0x00, 0xC1, 0x81, 0x40, 0x01, 0xC0, 0x80, 0x41, 0x01, 0xC0, 0x80, 0x41, 0x00, 0xC1, 0x81,
0x40, 0x01, 0xC0, 0x80, 0x41, 0x00, 0xC1, 0x81, 0x40, 0x00, 0xC1, 0x81, 0x40, 0x01, 0xC0,
0x80, 0x41, 0x01, 0xC0, 0x80, 0x41, 0x00, 0xC1, 0x81, 0x40, 0x00, 0xC1, 0x81, 0x40, 0x01,
0xC0, 0x80, 0x41, 0x00, 0xC1, 0x81, 0x40, 0x01, 0xC0, 0x80, 0x41, 0x01, 0xC0, 0x80, 0x41,
0x00, 0xC1, 0x81, 0x40, 0x01, 0xC0, 0x80, 0x41, 0x00, 0xC1, 0x81, 0x40, 0x00, 0xC1, 0x81,
0x40, 0x01, 0xC0, 0x80, 0x41, 0x00, 0xC1, 0x81, 0x40, 0x01, 0xC0, 0x80, 0x41, 0x01, 0xC0,
0x80, 0x41, 0x00, 0xC1, 0x81, 0x40, 0x00, 0xC1, 0x81, 0x40, 0x01, 0xC0, 0x80, 0x41, 0x01,
0xC0, 0x80, 0x41, 0x00, 0xC1, 0x81, 0x40, 0x01, 0xC0, 0x80, 0x41, 0x00, 0xC1, 0x81, 0x40,
0x00, 0xC1, 0x81, 0x40, 0x01, 0xC0, 0x80, 0x41, 0x01, 0xC0, 0x80, 0x41, 0x00, 0xC1, 0x81,
0x40, 0x00, 0xC1, 0x81, 0x40, 0x01, 0xC0, 0x80, 0x41, 0x00, 0xC1, 0x81, 0x40, 0x01, 0xC0,
0x80, 0x41, 0x01, 0xC0, 0x80, 0x41, 0x00, 0xC1, 0x81, 0x40, 0x00, 0xC1, 0x81, 0x40, 0x01,
```

```
0xC0, 0x80, 0x41, 0x01, 0xC0, 0x80, 0x41, 0x00, 0xC1, 0x81, 0x40, 0x01, 0xC0, 0x80, 0x41,
0x00, 0xC1, 0x81, 0x40, 0x00, 0xC1, 0x81, 0x40, 0x01, 0xC0, 0x80, 0x41, 0x00, 0xC1, 0x81,
0x40, 0x01, 0xC0, 0x80, 0x41, 0x01, 0xC0, 0x80, 0x41, 0x00, 0xC1, 0x81, 0x40, 0x01, 0xC0,
0x80, 0x41, 0x00, 0xC1, 0x81, 0x40, 0x00, 0xC1, 0x81, 0x40, 0x01, 0xC0, 0x80, 0x41, 0x01,
0xC0, 0x80, 0x41, 0x00, 0xC1, 0x81, 0x40, 0x00, 0xC1, 0x81, 0x40, 0x01, 0xC0, 0x80, 0x41,
0x00, 0xC1, 0x81, 0x40, 0x01, 0xC0, 0x80, 0x41, 0x01, 0xC0, 0x80, 0x41, 0x00, 0xC1, 0x81,
0x40};
```

低位字节表如下：

```
/ * 低位字节的 CRC 值 * /
static char auchCRCLo[] = {
0x00, 0xC0, 0xC1, 0x01, 0xC3, 0x03, 0x02, 0xC2, 0xC6, 0x06, 0x07, 0xC7, 0x05, 0xC5, 0xC4,
0x04, 0xCC, 0x0C, 0x0D, 0xCD, 0x0F, 0xCF, 0xCE, 0x0E, 0x0A, 0xCA, 0xCB, 0x0B, 0xC9, 0x09,
0x08, 0xC8, 0xD8, 0x18, 0x19, 0xD9, 0x1B, 0xDB, 0xDA, 0x1A, 0x1E, 0xDE, 0xDF, 0x1F, 0xDD,
0x1D, 0x1C, 0xDC, 0x14, 0xD4, 0xD5, 0x15, 0xD7, 0x17, 0x16, 0xD6, 0xD2, 0x12, 0x13, 0xD3,
0x11, 0xD1, 0xD0, 0x10, 0xF0, 0x30, 0x31, 0xF1, 0x33, 0xF3, 0xF2, 0x32, 0x36, 0xF6, 0xF7,
0x37, 0xF5, 0x35, 0x34, 0xF4, 0x3C, 0xFC, 0xFD, 0x3D, 0xFF, 0x3F, 0x3E, 0xFE, 0xFA, 0x3A,
0x3B, 0xFB, 0x39, 0xF9, 0xF8, 0x38, 0x28, 0xE8, 0xE9, 0x29, 0xEB, 0x2B, 0x2A, 0xEA, 0xEE,
0x2E, 0x2F, 0xEF, 0x2D, 0xED, 0xEC, 0x2C, 0xE4, 0x24, 0x25, 0xE5, 0x27, 0xE7, 0xE6, 0x26,
0x22, 0xE2, 0xE3, 0x23, 0xE1, 0x21, 0x20, 0xE0, 0xA0, 0x60, 0x61, 0xA1, 0x63, 0xA3, 0xA2,
0x62, 0x66, 0xA6, 0xA7, 0x67, 0xA5, 0x65, 0x64, 0xA4, 0x6C, 0xAC, 0xAD, 0x6D, 0xAF, 0x6F,
0x6E, 0xAE, 0xAA, 0x6A, 0x6B, 0xAB, 0x69, 0xA9, 0xA8, 0x68, 0x78, 0xB8, 0xB9, 0x79, 0xBB,
0x7B, 0x7A, 0xBA, 0xBE, 0x7E, 0x7F, 0xBF, 0x7D, 0xBD, 0xBC, 0x7C, 0xB4, 0x74, 0x75, 0xB5,
0x77, 0xB7, 0xB6, 0x76, 0x72, 0xB2, 0xB3, 0x73, 0xB1, 0x71, 0x70, 0xB0, 0x50, 0x90, 0x91,
0x51, 0x93, 0x53, 0x52, 0x92, 0x96, 0x56, 0x57, 0x97, 0x55, 0x95, 0x94, 0x54, 0x9C, 0x5C,
0x5D, 0x9D, 0x5F, 0x9F, 0x9E, 0x5E, 0x5A, 0x9A, 0x9B, 0x5B, 0x99, 0x59, 0x58, 0x98, 0x88,
0x48, 0x49, 0x89, 0x4B, 0x8B, 0x8A, 0x4A, 0x4E, 0x8E, 0x8F, 0x4F, 0x8D, 0x4D, 0x4C, 0x8C,
0x44, 0x84, 0x85, 0x45, 0x87, 0x47, 0x46, 0x86, 0x82, 0x42, 0x43, 0x83, 0x41, 0x81, 0x80,
0x40};
```

6.2.5　MODBUS ASCII 协议

当 MODBUS 串行链路的设备被配置为使用 ASCII 模式通信时，报文中的每个 8 位的字节以两个 ASCII 字符发送。当通信链路或者设备无法符合 RTU 模式的定时管理时使用该模式。由于一个字节需要两个字符，此模式比 RTU 效率低。

1. MODBUS ASCII 报文帧

由发送设备将 MODBUS 报文构造为带有已知起始和结束标记的帧。这使设备可以在报文的开始接收新帧，并且知道何时报文结束。不完整的报文必须能够被检测到而错误标志必须作为结果被设置。

报文帧的地址域含有两个字符。在 ASCII 模式，报文用特殊的字符区分帧起始和帧结束。一个报文必须以一个冒号":"(ASCII 码十六进制 3A)起始，以回车-换行(CR 和 LF)对(ASCII 码十六进制 0D 和 0A)结束。

对于所有的域，允许传送的字符为十六进制 0~9，A~F(ASCII 码)。设备连续地监视总线上的冒号字符。当收到这个字符后，设备解码后续的字符一直到帧结束。

报文中字符间的时间间隔可以达 1s。如果有更大的间隔，则接收设备认为发生了错误。

图 6-17 显示了一个典型的 ASCII 报文帧。

起始	地址	功能	数据	LRC	结束
1字符 (：)	2字符	2字符	0~504字符	2字符	2字符 (CR和LF)

图 6-17　ASCII 报文帧

注：每个字符子节需要用两个字符编码。因此，为了确保 ASCII 模式和 RTU 模式在 MODBUS 应用级兼容，ASCII 数据域最大数据长度为 504（2×252），是 RTU 数据域（252）的两倍。必然的，MODBUS ASCII 帧的最大尺寸为 513 个字符。

2. ASCII 传输模式状态图

图 6-18 为 ASCII 传输模式状态图，主节点和从节点的状态合并在同一个图中。

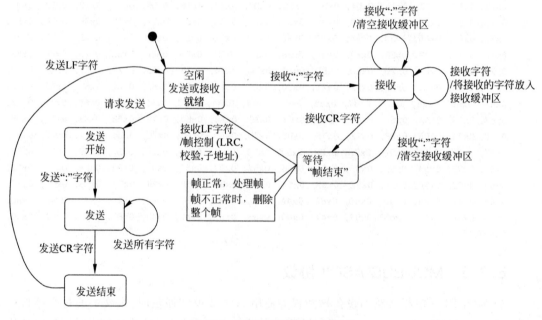

图 6-18　ASCII 传输模式状态图

（1）"空闲"态是没有发送和接收报文要处理的正常状态。

（2）每次接收到冒号"："字符即表示新的报文的开始。如果在一个报文的接收过程中收到该字符，则当前报文被认为不完整并被丢弃。而一个新的接收缓冲区被重新分配。

（3）检测到帧结束后，完成 LRC 计算和校验。然后，分析地址域以确定帧是否发往此设备，如果不是，则丢弃此帧。为了减少接收处理时间，可以一接到地址域就分析，而不需要等到整个帧结束。

3. LRC 校验

在 ASCII 模式，包含一个对全部报文内容执行的基于纵向冗余校验（Longitudinal Redundancy Checking，LRC）算法的错误校验域。LRC 域校验不包括起始的冒号和结尾的 CR 和 LF 的整个报文内容。不管报文有无奇偶校验，均执行 LRC 校验。

LRC 域为一个字节,包含 8 位的二进制值。LRC 值由发送设备计算,然后将 LRC 值附在报文后面。接收设备在接收报文时重新计算 LRC 值,并将计算结果与实际接收到的 LRC 值相比较。如果两个值不相等,则为错误。

LRC 的计算过程如下。将报文中所有连续 8 位的字节相加,忽略任何进位,然后求出其二进制补码。在 ASCII 模式,LRC 的结果被 ASCII 编码为两个字节并放置于 ASCII 报文帧的结尾,CR 和 LF 之前。

生成一个 LRC 的过程如下:

(1) 将不包括起始的冒号和结尾的 CR 和 LF 的所有字节相加,放入一个 8 位域,因此进位被丢弃。

(2) 从十六进制 FF(全 1)中减去域的最终值,得到 1 的补码(二进制反码)。

(3) 加 1 得到二进制补码。

当 8 位 LRC(两个 ASCII 字符)在报文中传送时,高位字符先发送,然后是低位字符。

下面给出了生成 LRC 值的 C 语言函数。

函数带有两个参数:

```
unsigned char * auchMsg;            //指向含有用于生成 LRC 的二进制数据报文缓冲区的指针
unsigned short usDataLen;           //报文缓冲区的字节数
```

LRC 值生成函数如下:

```
/* 函数返回 unsigned char 类型的 LRC 结果 */
static unsigned char LRC(auchMsg,usDataLen)
unsigned char * auchMsg;                   /* 要计算 LRC 值的报文 */
unsigned short usDataLen;                  /* 报文的字节数 */
{    unsigned char uchLRC = 0;             /* LRC 初始化 */
     while (usDataLen -- )                 /* 完成整个报文缓冲区 */
     uchLRC += * auchMsg++;                /* 缓冲区字节相加,无进位 */
     return ((unsigned char)( - ((char)uchLRC)));   /* 返回二进制补码 */
}
```

6.3　MODBUS 应用

本节利用 Proteus 仿真软件实现 MODBUS 主从多机通信,实现 MODBUS 相关命令的主站发送、从站响应等功能。

6.3.1　MODBUS 相关功能码描述

1. 读线圈功能码 0x01

在一个远程设备中,使用该功能码读取线圈 1～2000 的连续状态。读线圈状态图如图 6-19 所示。

请求 PDU 详细说明了起始地址,即指定的第一个线圈地址和线圈编号。从零开始寻址线圈,因此线圈 1～16 的地址为 0～15。根据数据域的每个位将响应报文中的线圈分成为一个线圈。指示状态为 1=ON 和 0=OFF。第一个数据字节的 LSB(最低有效位)包括在询问中寻址的输出。其他线圈依此类推,一直到这个字节的高位端为止,在后续字节中仍

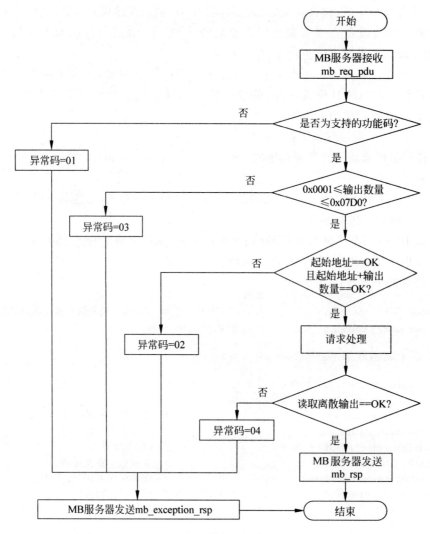

图 6-19 读线圈状态图

然按照从低位到高位的顺序。如果返回的输出位的数量不是 8 的倍数,将用零填充最后数据字节中的剩余位(一直到字节的高位端)。字节数量域说明了数据的完整字节数。请求读取线圈 20~38 状态的实例如下。

请求 PDU:

地址码	功能码	读取起始地址高位	读取起始地址低位	读取个数高位	读取个数低位	CRC 高位	CRC 低位
01	01	00	13	00	13	8C	02

响应 PDU:

地址码	功能码	响应字节数	响应第一字节	响应第二字节	响应第三字节	CRC 高位	CRC 低位
01	01	03	CD	6b	05	42	82

　　将输出 27～20 表示为十六进制字节值 CD,或二进制 1100 1101。输出的 27 是这个字节的 MSB,20 是 LSB。第一字节的输出从左至右为 27～20。下一个字节的输出从左到右为 35～28。当串行发射各位时,从 LSB 向 MSB 传输,即顺序为 20,21,…,27,28,…,35。

　　在最后的数据字节中,将输出 38～36 表示为十六进制字节值 05,或二进制 0000 0101。输出的 38 是左侧第 6 位,36 是这个字节的 LSB。用 0 填充 5 个剩余位(一直到高位端)。

2. 读离散量输入功能码 0x02

　　在一个远程设备中,使用该功能码读取离散量输入的 1～2000 连续状态。读离散量输入的状态图如图 6-20 所示。

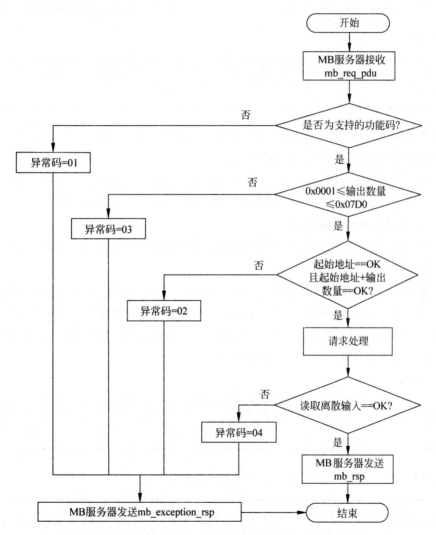

图 6-20　读离散量输入的状态图

　　请求 PDU 详细说明了起始地址,即指定的第一个输入地址和输入编号。从零开始寻址输入,因此输入 1～16 的地址为 0～15。根据数据域的每个比特将响应报文中的离散量输入分成为一个输入。指示状态为 1=ON 和 0=OFF。第一个数据字节的 LSB(最低有效位)包括在询问中寻址的输入。其他输入依此类推,一直到这个字节的高位端为止,在后续字节中仍然按照从低位到高位的顺序。

如果返回的输入位的数量不是8的倍数,将用零填充最后数据字节中的剩余位(一直到字节的高位端)。字节数量域说明了数据的完整字节数。

请求读取离散量输入197～218的实例如下。

请求 PDU：

地址码	功能码	读取起始地址高位	读取起始地址低位	读取个数高位	读取个数低位	CRC 高位	CRC 低位
01	02	00	C4	00	16	B8	39

响应 PDU：

地址码	功能码	响应字节数	响应第一字节	响应第二字节	响应第三字节	CRC 高位	CRC 低位
01	02	03	AC	DB	35	22	88

将离散量输入204～197表示为十六进制字节值AC,或二进制1010 1100。输入的204是这个字节的MSB,197是这个字节的LSB。

将离散量输入状态218～213表示为十六进制字节值35,或二进制0011 0101。输入的218位于左侧第3位,213是LSB。用0填充两个剩余位(一直到高位端)。

3. 读保持寄存器功能码 0x03

在一个远程设备中,使用该功能码读取保持寄存器连续块的内容。读保持寄存器的状态图如图6-21所示。

请求PDU说明了起始寄存器地址和寄存器数量。从零开始寻址寄存器,因此寄存器1～16的地址为0～15。将响应报文中的寄存器数据分成每个寄存器有两字节,在每个字节中直接调整二进制内容。对于每个寄存器,第一个字节包括高位比特,第二个字节包括低位比特。请求读寄存器108～110的实例如下。

请求 PDU：

地址码	功能码	读取起始地址高位	读取起始地址低位	读取个数高位	读取个数低位	CRC 高位	CRC 低位
01	03	00	6B	00	03	74	17

响应 PDU：

地址码	功能码	响应字节数	第一个寄存器高位	第一个寄存器低位	第二个寄存器高位	第二个寄存器低位	第三个寄存器高位	第三个寄存器低位	CRC 高位	CRC 低位
01	03	06	02	2B	00	00	00	64	05	7A

将寄存器108的内容表示为两个十六进制字节值02 2B或十进制值555。将寄存器109和110的内容分别表示为十六进制字节值00 00和00 64或十进制值0和100。

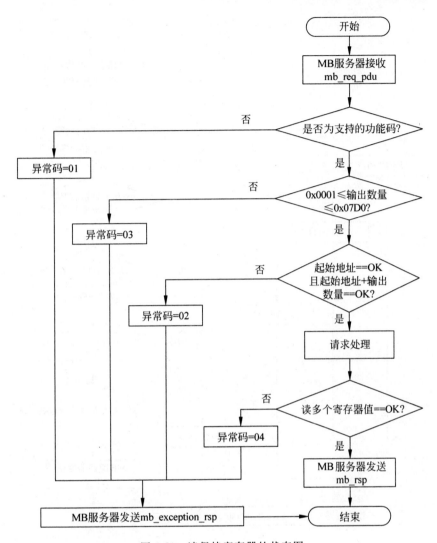

图 6-21 读保持寄存器的状态图

4. 读输入寄存器功能码 0x04

在一个远程设备中,使用该功能码从 1 开始读至大约 125 的连续输入寄存器。读输入寄存器的状态图如图 6-22 所示。

请求 PDU 说明了起始地址和寄存器数量。从零开始寻址寄存器,因此输入寄存器 1~16 的地址为 0~15。将响应报文中的寄存器数据分成每个寄存器为两字节,在每个字节中直接地调整二进制内容。对于每个寄存器,第一个字节包括高位比特,第二个字节包括低位比特。请求读输入寄存器 9、10 的实例如下。

请求 PDU:

地址码	功能码	读取起始地址高位	读取起始地址低位	读取个数高位	读取个数低位	CRC 高位	CRC 低位
01	04	00	08	00	02	F0	09

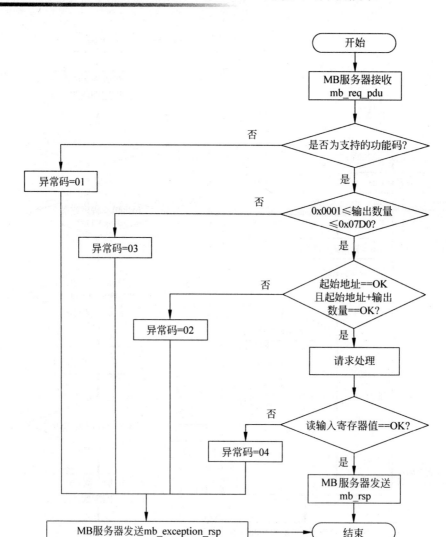

图 6-22 读输入寄存器的状态图

响应 PDU：

地址码	功能码	响应字节数	响应第一字节高位	响应第一字节低位	响应第二字节高位	响应第二字节低位	CRC 高位	CRC 低位
01	04	02	00	0A	02	03	12	E7

将输入寄存器 9、10 的内容表示为 4 个十六进制字节值 00 0A 02 03。

5. 写单个线圈功能码 0x05

在一个远程设备上，使用该功能码写单个输出为 ON 或 OFF。写单个输出状态图如图 6-23 所示。

请求数据域中的常量说明请求的 ON/OFF 状态。十六进制值 FF 00 请求输出为 ON。十六进制值 00 00 请求输出为 OFF。其他所有值均是非法的，并且对输出不起作用。

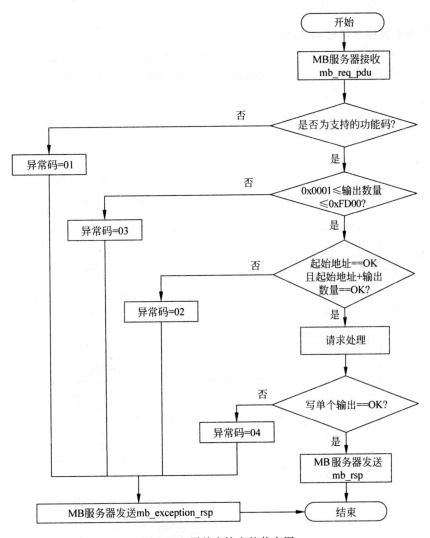

图 6-23 写单个输出的状态图

请求 PDU 说明了强制的线圈地址。从零开始寻址线圈，因此线圈 1 的地址为 0。线圈值域的常量说明请求的 ON/OFF 状态。十六进制值 0xFF00 请求线圈为 ON。十六进制值 0x0000 请求线圈为 OFF。其他所有值均为非法的值，并且对线圈不起作用。正常响应是请求的应答，在写入线圈状态之后返回这个正常响应。请求写线圈 173 为 ON 的实例如下。

请求 PDU：

地址码	功能码	写入起始地址高位	写入起始地址低位	写入数据高位	写入数据低位	CRC 高位	CRC 低位
01	05	00	AC	FF	00	4C	1B

响应 PDU：

地址码	功能码	响应起始地址高位	响应起始地址低位	响应数据高位	响应数据低位	CRC 高位	CRC 低位
01	05	00	AC	FF	00	4C	1B

6. 写单个寄存器功能码 0x06

在一个远程设备中,使用该功能码写单个保持寄存器。写单个寄存器的状态如图 6-24 所示。请求 PDU 说明了被写入寄存器的地址。从零开始寻址寄存器,因此寄存器 1 的地址为 0。

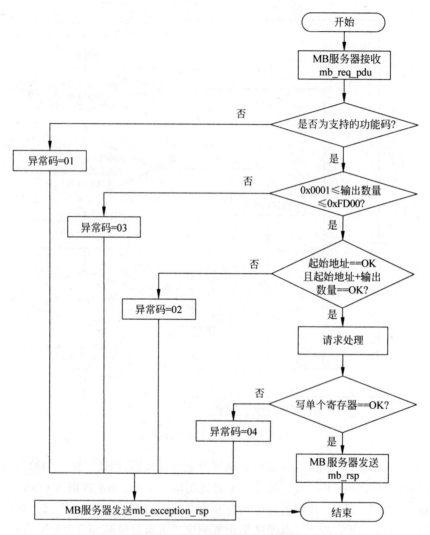

图 6-24　写单个寄存器的状态图

正常响应是请求的应答,在写入寄存器内容之后返回这个正常响应。请求将十六进制 00 03 写入寄存器 2 的实例如下。

请求 PDU:

地址码	功能码	写入起始地址高位	写入起始地址低位	写入数据高位	写入数据低位	CRC 高位	CRC 低位
01	06	00	01	00	03	98	0B

响应 PDU：

地址码	功能码	响应起始地址高位	响应起始地址低位	写入数据高位	写入数据低位	CRC 高位	CRC 低位
01	06	00	01	00	03	98	B0

6.3.2 MODBUS 通信调试

1. 常用调试软件介绍

1）VSPD

VSPD 是 Virtual Serial Port Driver(虚拟串口驱动程序)的简写。本软件运行稳定,允许模仿多串口,支持所有的设置和信号线,在没有硬件设备的情况下提供串口仿真环境。虚拟串口驱动的界面如图 6-25 所示。

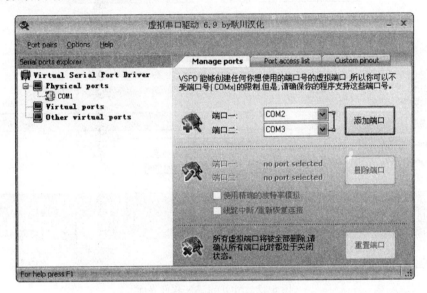

图 6-25　虚拟串口驱动的界面

2）BitBoy

BitBoy 是一款简单、易操作的 MODBUS 主站模拟软件,能够设置串口通信参数,自动计算校验码,可以仿真采用 RTU 和 ASCII 协议的主站。BitBoy 软件界面如图 6-26 所示。

3）MODSCAN

MODSCAN 是一个运行在 Windows 下,作为在 RTU 或 ASCII 传输模式下的 MODBUS 协议主设备的应用程序,其软件界面如图 6-27 所示。把一个或多个 MODBUS 从站设备通过串口、调制解调器或者网络连接到计算机上,就可以使用 MODSCAN 读取和修改数据点。

2. MODBUS 实验与调试过程

1）MODBUS 通信实验

硬件连接为 EIA/TIA-485 接线,EIA/TIA-485 主从站接线图如图 6-28 所示,其中有一

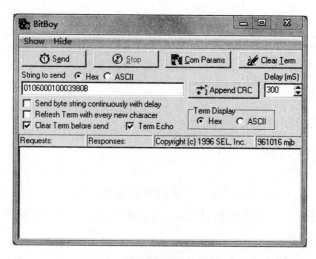

图 6-26　BitBoy 软件界面

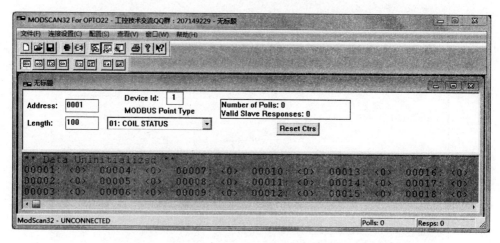

图 6-27　MODSCAN 软件界面

个主站、三个从站进行数据通信,结果显示在显示器上。

（1）启动 Proteus 仿真软件,按照图 6-28 连接线路。

（2）加载主站及从站 HEX 文件。

（3）单击运行按钮。

（4）观察主站和从站显示器的显示结果,如图 6-29 所示。

2）Proteus 与 PC 通信实验

（1）运行虚拟串口软件,建立虚拟串口 COM3、COM4,如图 6-30 所示。

（2）启动 Proteus 仿真软件,连接线路图如图 6-31 所示。

（3）设置 COMPIM 串口参数,如图 6-32 所示。

（4）启动 PC 端 MODBUS 仿真软件 MODSCAN,如图 6-33 所示。

（5）连接 MODSCAN 和 Proteus。

（6）启动 Proteus。

（7）观察 MODSCAN 与 Proteus 软件界面中的变化情况。

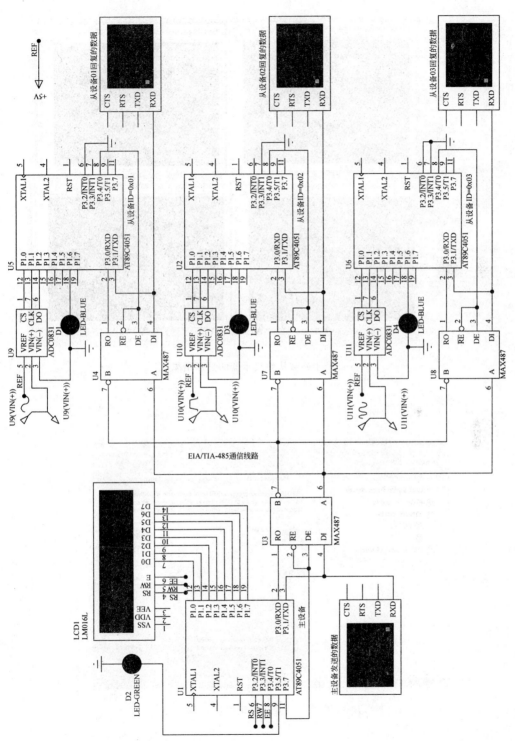

图 6-28　EIA/TIA-485 主从站接线图

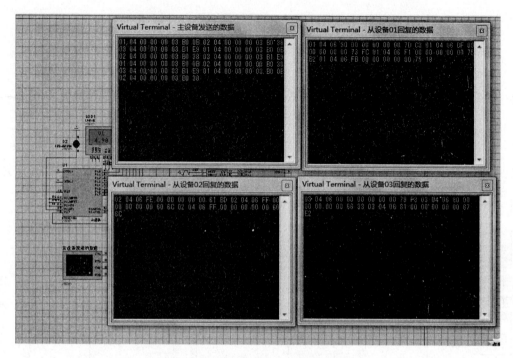

图 6-29　主站和从站显示器的显示结果

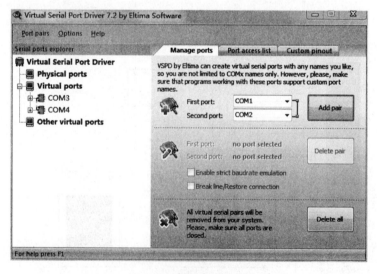

图 6-30　建立虚拟串口

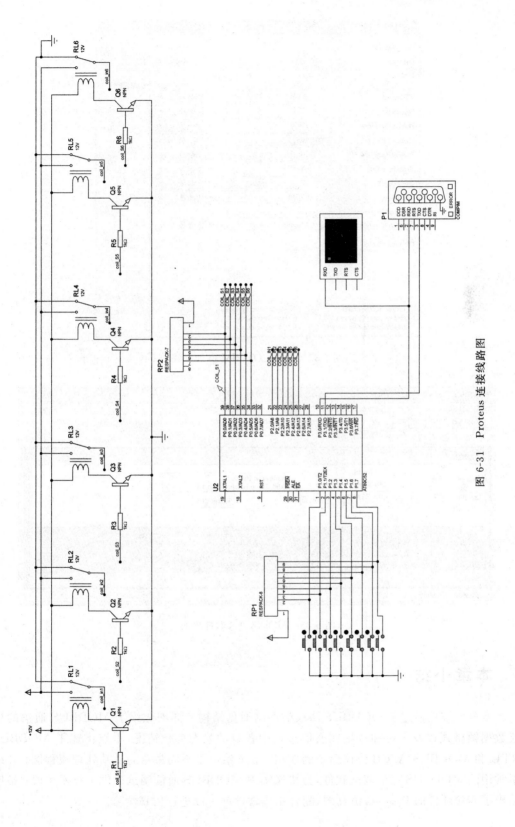

图 6-31 Proteus 连接线路图

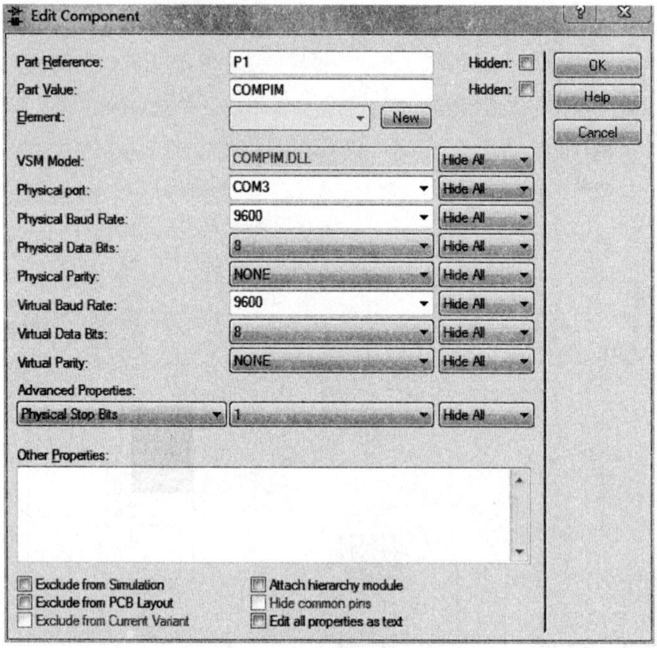

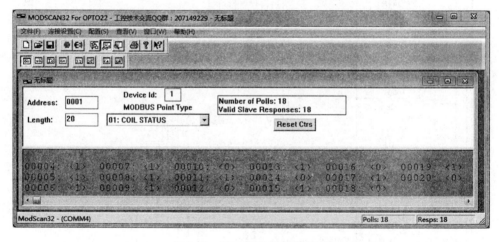

图 6-32　设置 COMPIM 串口参数

图 6-33　MODSCAN 软件界面

本章小结

本章详细地描述了 MODBUS 协议的网络通信结构。详细介绍了 MODBUS 通信的协议数据帧格式以及主站和从站在通信过程中各自的状态变化情况，重点讲述了 MODBUS RTU 和 MODBUS ASCII 协议命令的使用方法；给出了不同命令的从站处理流程图；介绍了常用的 MODBUS 通信调试软件，为快速实现 MODBUS 通信调试提供了技术手段；最后给出了实验硬件的 Proteus 仿真图，配合相应软件就可以进行仿真学习。

思考题

6-1 MODBUS RUT 协议帧格式分析。

6-2 MODBUS ASCII 协议帧格式分析。

6-3 编程实现 MODBUS RUT 01～06 号命令并仿真。

6-4 编程实现 MODBUS RUT 01～06 号命令并仿真。

## 第 7 章

基于 Arduino 的系统开发

7.1 Arduino 介绍

7.1.1 简介

Arduino 是一款便捷灵活、方便上手的开源电子原型平台,包含硬件(各种型号的 Arduino 板)和软件(Arduino IDE)。Arduino 能通过各种各样的传感器来感知环境,通过控制灯光、电机和其他的装置来反馈、影响环境。Arduino 上的微控制器可以通过 Arduino 的编程语言来编写程序,编译成二进制文件,烧录进微控制器。对 Arduino 的编程是利用 Arduino 编程语言和 Arduino 开发环境来实现的。基于 Arduino 的项目,可以只包含 Arduino,也可以包含 Arduino 和其他一些在 PC 上运行的软件之间进行通信来实现。

Arduino 具有如下特点:

- 开放源代码的电路图设计,程序开发界面免费下载,也可依需求自己修改。
- DFRduino 可使用 ISP 下载线,将新的 IC 程序烧入 bootloader。
- 可依据官方电路图简化 DFRduino 模块,完成独立运行的微处理控制器。
- 可简单地与传感器、各种电子元件(如红外线传感器、超声波传感器、热敏电阻、光敏电阻及伺服电机等)连接。
- 支持多样的互动程序,如 Flash、Max/Msp、vvvv、PD、C 及 Processing 等。
- 使用低价格的微处理控制器(ATmega 168V-10PI)。
- USB 接口,不须外接电源,另外还提供 9V DC 输入接口。
- 应用方面,利用 DFRduino,突破以往只能使用鼠标、键盘、CCD 等输入设备的互动方式,可以更简单地实现单人或多人游戏互动。

7.1.2 硬件资源

Arduino Uno 是 Arduino 开发平台系列的型号之一,作为 Arduino 平台的参考标准模板,因其优越的性价比而成为当前最普及的一个型号。Arduino Uno 的处理器核心是 ATmega 328,同时具有 14 路数字输入输出口(其中 6 路可作为 PWM 输出)、6 路模拟输入、一个 16MHz 晶体振荡器、一个 USB 口、一个电源插座、一个 ICSP header 和一个复位按钮。以 Arduino Uno 开发板为例,板上硬件资源如下:

- 处理器 ATmega 328。

- 工作电压 5V。
- 输入电压(推荐)7～12V。
- 输入电压(范围)6～20V。
- 数字 I/O 脚 14(其中 6 路作为 PWM 输出)。
- 模拟输入脚 6。
- I/O 脚直流电流 40mA。
- 3.3V 脚直流电流 50mA。
- 32KB 闪存(ATmega 328,其中 0.5KB 用于 bootloader)。

7.2 Arduino 开发环境

7.2.1 Arduino IDE 下载及安装

Arduino 开发环境是一款免费软件,可以从 Arduino 官方网站下载,网址是 https://www. arduino. cc/en/Main/Software,使用者可以根据自己的操作系统选择 Windows、MacOS 或是 Linux 版本。

安装好开发软件后,需要将 Arduino 开发板通过 USB 与计算机连接,连接后会自动安装驱动程序(以 Windows 7 64 位操作系统为例)。检查驱动程序是否安装成功的方法为:右击"计算机",在快捷菜单中选择"属性"→"设备管理器"命令,在"端口(COM 和 LPT)"的设备列表下会出现 Arduino Uno(COMx)的串口设备,其中,Arduino Uno 为开发板型号,COMx 为串口号,开发板连接在计算机上不同的 USB 接口,串口号会有所不同。查看时需记住开发板对应的串口号,以备下一步在开发环境中做相应设置。图 7-1 中显示了开发板在设备管理器中的串口映射,串口号为 COM14。

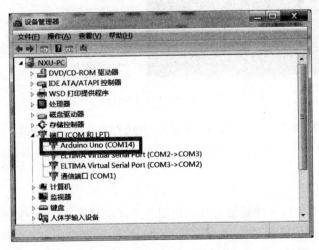

图 7-1 开发板在设备管理器中的串口映射

若没有显示相应的串口设备,则驱动程序未安装成功,需要在"设备管理器"窗口中手动更新设备并安装驱动程序,单击"更新驱动程序"按钮,选择"浏览计算机以查找驱动程序软件"单选按钮,在选择驱动程序路径时,选取 Arduino 安装路径下的 drivers 文件夹。

7.2.2 Arduino IDE 操作基础

驱动程序安装完成之后,即可进行程序的编写、编译并将编译好的目标代码烧录到开发板上运行。

下面以 Arduino IDE 开发环境中自带的例程为例,说明 Arduino 开发板的使用过程。

1. 环境设置

控制器类型选择如图 7-2 所示,在菜单栏中选择"工具"→开发板:Arduino/Genuino Uno→Arduino/Genuino Uno(这里选择 Uno,若使用其他开发板,请选择对应型号)。

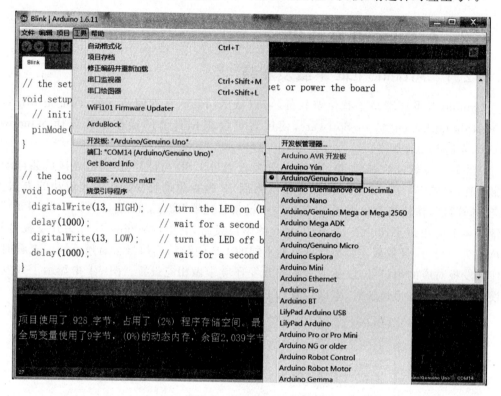

图 7-2 开发板型号选择

COM 端口设置如图 7-3 所示,在菜单栏中选择"工具"→端口:COM14(Arduino/Genuino Uno)→COM14(Arduino/Genuino Uno)(应根据设备管理器窗口中开发板所对应的串口选择)。

2. 打开项目文件

Arduino IDE 的项目文件后缀为 ino,使用者可以从开发环境的"文件"菜单选择"打开"命令打开已经创建好的项目文件,也可以选择"新建"命令创建自定义的项目文件。

开发环境的"文件"菜单下的"示例"选项中有丰富的程序范例,新入门者可以通过这些范例入手学习,快速掌握程序的基本原理和操作。

3. 目标代码烧录

在完成源代码的编写之后,就要对源代码进行编译,生成目标代码,然后将目标代码烧录到开发板上并运行。

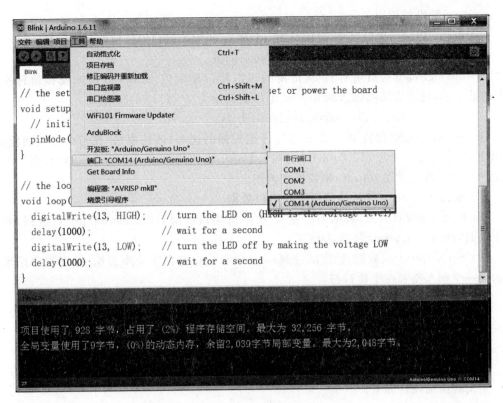

图 7-3　COM 端口设置

在 Arduino IDE 中,以上所说的两个步骤只需要单击工具栏的上传按钮,编译和烧录步骤即可一次性完成,此时如果编译无错误,目标代码即已经烧录到开发板中,并自动运行了。

7.3　Arduino 程序基础知识

Arduino 程序是基于 C/C++的,如果用户以前使用过 C/C++语言,则应十分熟悉它的构造函数和特性。本节只对 Arduino 程序的基本架构和基本函数作简单介绍。有关 Arduino程序的更多细节请参考其他图书资料。

7.3.1　Arduino 程序的基本架构

Arduino 程序的结构非常简单,包括两个主要函数:

(1) setup()。项目启动时会调用 setup()函数。使用它来初始化变量和引脚模式并启用库等(例如: pinMode(ledPin,OUTUPT);)。setup()函数只能在 Arduino 开发板的每次上电或复位后运行一次。

(2) loop()。在 setup()函数之后,即初始化之后,loop()使程序循环执行。

7.3.2　Arduino 程序的基本函数

Arduino 程序的基本函数如下:

(1) pinMode(接口名称,OUTPUT 或 INPUT):将接口定义为输入或输出接口,通常在 setup()函数里被调用。

（2）digitalWrite(接口名称,HIGH 或 LOW)：将输出接口电压值调至高或低。

（3）digitalRead(接口名称)：读出数字接口的值。

（4）analogRead(接口名称)：从指定的模拟接口读取值,Arduino 将该模拟值转换为 10b 的数字值,这个方法将输入的 0~5V 电压值转换为 0~1023 的整数值。

（5）delay()：延时一段时间,delay(1000)为 1s。

（6）Serial. begin(波特率)：设置串行传输数据的速率(波特率)。在与计算机通信时, 使用下面这些值：300、1200、2400、4800、9600、14400、19200、28800、38400、57600 或 115200。该函数通常在 setup()函数里被调用。

（7）Serial. read()：读取持续输入的串口数据。

（8）Serial. print(数据,数据的进制)：从串行端口输出数据。Serial. print(数据)默认 为十进制,即 Serial. print(数据,DEC)。

（9）Serial. println(数据,数据的进制)：从串行端口输出字符串数据,在字符串结尾自 动加上一个回车符和一个换行符。

7.4 应用实例

7.4.1 LED 闪烁实验

本实验所需硬件如下：

- 1 个面包板。
- 1 个 Arduino Uno R3 开发板。
- 1 个 LED。
- 1 个 220Ω 电阻。
- 2 个跳线。

图 7-4 为 LED 闪烁实验电路接线图,按此连接面包板上的组件。

闪烁 LED 软件流程图如图 7-5 所示。

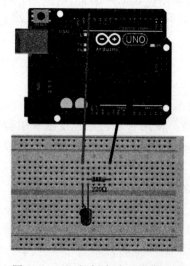

图 7-4 LED 闪烁实验电路接线图

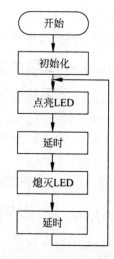

图 7-5 闪烁 LED 软件流程图

编写代码如下：

```
//setup()函数在开发板启动时运行一次
void setup()
{
    pinMode(13, OUTPUT);                    //将 13 引脚设置为输出接口
}
//loop()函数无限循环重复运行
void loop()
{
    digitalWrite(13, HIGH);                 //点亮 LED
    delay(1000);                            //延时 1s
    digitalWrite(13, LOW);                  //熄灭 LED
    delay(1000);                            //延时 1s
}
```

pinMode(13,OUTPUT)：在使用 Arduino 的引脚之前,需要设置该引脚是输入接口还是输出接口。本实验使用内置函数 pinMode()来实验这一点。

digitalWrite(13,HIGH)：当使用引脚作为输出接口时,可以将其输出电压值设置为 HIGH(输出 5V)或 LOW(输出 0V)。

编译并运行代码,可以看到 LED 循环点亮和熄灭。试着改写程序中 delay()函数的参数值,观察 LED 闪烁的不同效果。

7.4.2　模拟量读取实验

本实验所需硬件如下：

- 1 个面包板。
- 1 个 Arduino Uno R3 开发板。
- 1 个 5kΩ 可变电阻(电位器)。
- 2 个跳线。

图 7-6 为模拟量读取实验电路连接图,按此连接面包板上的组件。

模拟量读取软件流程图如图 7-7 所示。

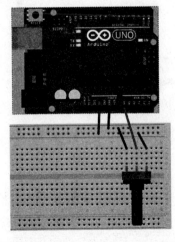

图 7-6　模拟量读取实验电路连接图

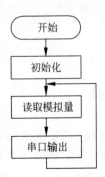

图 7-7　模拟量读取软件流程图

编写如下代码：

```
void setup()
{
    Serial.begin(9600);                        //初始化串口,设置串口通信的波特率为9600
}
void loop()
{
    int sensorValue = analogRead(A0);          //从 A0 读入的模拟量
    float voltage = sensorValue * (5.0 / 1023.0);
    Serial.println(voltage);                   //串口输出电压值
}
Serial.begin(9600);
```

运行程序时,在"工具"菜单中选择"串口监视器"命令,可以看到 Arduino 开发板持续发送的串口信息。图 7-8 为 COM14 的串口监视器中的模拟量读取信息。转动电位器的旋钮,观察串口信息随着转动而发生的变化。

图 7-8　COM14 的串口监视器中的模拟量读取信息

本章小结

本章对 Arduino 开发板系列进行了简要介绍,讲述了 Arduino 开发环境的搭建方法,并介绍了两个简单的程序范例。

思考题

7-1　Arduino 开发板有很多系列,请通过网络查找这些系列,并总结各种系列开发板及其应用方向的区别。

7-2　请按照 7.2 节的说明,自行下载并安装 Arduino IDE。

7-3　请在进行 7.4.1 节的实验时,观察 delay() 函数参数值的变化对 LED 闪烁效果的影响。

参 考 文 献

[1]　赵丽清.单片机原理与 C51 基础[M].北京：机械工业出版社,2012.

[2]　张毅刚.单片机原理及接口技术(C51 编程)[M].北京：人民邮电出版社,2015.

[3]　张毅刚.基于 Proteus 的单片机课程的基础实验与课程设计[M].北京：人民邮电出版社,2014.

[4]　梅丽凤.单片机原理与接口技术[M].北京：机械工业出版社,2015.

[5]　彭伟.单片机 C 语言程序设计实训 100 例[M]. 2 版.北京：电子工业出版社,2015.

[6]　宋雪松.手把手教你学 51 单片机[M].北京：清华大学出版社,2015.1

[7]　李传娣,赵常松.单片机原理、应用及 Proteus 仿真[M].北京：清华大学出版社,2017.

[8]　盛珣华.单片机原理与应用[M].武汉：华中科技大学出版社,2014.

[9]　徐海峰.C51 单片机项目式教程[M].北京：清华大学出版社,2011.

[10]　霍孟友.单片机原理与应用[M].北京：机械工业出版社,2004.

[11]　霍孟友.单片机原理与应用学习概要及题解[M].北京：机械工业出版社,2005.

[12]　许泳龙.单片机原理及应用[M].北京：机械工业出版社,2005.

[13]　马忠梅.单片机的 C 语言应用程序设计[M].北京：北京航空航天大学出版社,2003.

[14]　楼然苗.51 系列单片机设计实例[M].北京：北京航空航天大学出版社,2003.

[15]　中国国家标准化管理委员会.MODBUS 协议在串行链路上的实现指南：GB/T 19582.2—2008[S].